Виктор Шляхин

**Антарктида и другие путешествия**

Виктор Шляхин

# Антарктида и другие путешествия

## путевые заметки

**YAM Young Authors' Masterpieces Publishing**

## Imprint

Any brand names and product names mentioned in this book are subject to trademark, brand or patent protection and are trademarks or registered trademarks of their respective holders. The use of brand names, product names, common names, trade names, product descriptions etc. even without a particular marking in this work is in no way to be construed to mean that such names may be regarded as unrestricted in respect of trademark and brand protection legislation and could thus be used by anyone.

Cover image: www.ingimage.com

Publisher:
YAM Young Authors' Masterpieces Publishing
is a trademark of
Dodo Books Indian Ocean Ltd., member of the OmniScriptum S.R.L Publishing group
str. A.Russo 15, of. 61, Chisinau-2068, Republic of Moldova Europe
Printed at: see last page
ISBN: 978-3-8473-8239-3

# Содержание

# Берега Южного океана.

## Дорога на Юг.

В 1986 году известный английский полярный исследователь Роберт Свон совершил свое первое путешествие на Южный полюс. Пораженный уникальностью экосистемы шестого континента, Роберт решил сделать все возможное, чтобы сохранить эту заповедную зону. Выступив в 1992 году перед главами крупнейших мировых держав на саммите в Рио-де-Жанейро, он приступил к реализации амбициозного плана. В 1997 году стартовал проект «Mission Antarctica», во время которого добровольцы, в том числе и из России, вывезли полторы тысячи тонн мусора с антарктической станции «Беллинсгаузен». Мусор был утилизирован в Чили, а прибрежная полоса острова Короля Георга стала чистой. С 2003 года Роберт Свон проводит ежегодные международные экспедиции в Антарктиду с целью привлечь внимание людей всего мира к проблемам экологии и вопросам сохранения уникального природного комплекса шестого континента. Он берет с собой менеджеров и журналистов, учителей и студентов, экологов и политиков, стремясь вдохновить их на активную экологическую позицию в жизни и в работе. Усилия Роберта не тратятся впустую. Каждый человек, побывавший на шестом континенте вместе со Своном, увозит в душе частичку Антарктиды. Возвращаясь домой, участники экспедиции стремятся поделиться своими чувствами и новой информацией с друзьями, знакомыми и коллегами, стараются учитывать в работе и повседневной жизни те экологические уроки, которые они выучили за время поездки. Кто-то меняет в квартире обычные лампочки на энергосберегающие, кто-то выбирает современные «чистые» технологии для развития своего предприятия, кто-то сажает сто деревьев – но каждый именно этим, личным действием вносит свой вклад в борьбу за сохранение как Антарктиды, так и мировой экосистемы в целом.

В 2007 году мне посчастливилось принять участие в очередной международной антарктической экспедиции Роберта Свона. Меня неоднократно спрашивали: как я попал в это путешествие? Дело в том, что у Роберта Свона с Рязанью особые хорошие отношения. Здесь живет и работает друг Роберта, его партнер по целому ряду экспедиций, Герой России Михаил Малахов. Операция по очистке Антарктиды состоялась при его активной поддержке, а рязанцы сыграли ключевую роль в этом проекте. Основной темой экспедиции 2007 года было глобальное потепление, его влияние на экосистему Антарктиды и роль человеческого фактора в этом климатическом феномене. При этом основной акцент «Inspire Antarctic Expedition 5» был сделан на Россию и Китай, где по причине быстрого экономического роста увеличилась потребность в энергообеспечении.

Конечно, когда мне пришло персональное приглашение от легендарного Роберта Свона, я поначалу растерялся. На одной чаше весов была уникальная возможность увидеть заповедный материк и его обитателей, пообщаться с людьми из разных стран и с самим Робертом, в конце-концов, побывать пролетом в Буэнос-Айересе. На другой – необходимость отказаться от привычной комфортной рутины, на три недели оказаться разделенным пятнадцатью тысячами километров с семьей, опять же, у меня не было никакой специальной экипировки для предстоящего вояжа. Наверное, если бы не моя супруга Ольга, я мог бы сплоховать и отказаться от предложения, которое бывает раз в жизни, да и то не у всех. Она объявила, что не будет меня уважать, если я из-за лени откажусь от поездки. В итоге, после дополнительных «консультаций» с друзьями и коллегами, решение было принято.

***

Я сижу в зале ожидания аэропорта «Шереметьево». Немного грустно. Немного нервно – все-таки это и первый мой выезд за рубеж, и первый полет на самолете. Вроде бы заранее подошел к стойкам регистрации – а там уже очереди, в основном, состоящие из громкоговорящих и жестикулирующих итальянцев: я лечу на Ал Италия через Милан. Доброжелательная дама в униформе выписала мне посадочный талон на место у окна, я сдал багаж и, без проблем пройдя досмотр, вошел в посадочную зону. Тут уже не покурить. Посадка на А321 немного задерживалась, и я наблюдал за людьми, прилетевшими откуда-то издалека и идущими от гейта по стеклянному коридору. Мне казалось, что они должны бурно радоваться возвращению на родину, а они, на самом деле, шли привычно и спокойно. Сел в самолет, с интересом осмотрелся. Разобрался с ремнем и управлением креслом. Звучат приветствия экипажа, стандартный инструктаж по безопасности и мы начинаем выруливать на взлетную. В небо один за другим взмывают крылатые гиганты в сверкающих огнях, другие их собратья появляются из темного сумеречного неба и заходят на посадку. Наш самолет начинает разгон, ускоряется и отрывается от бетона. Ни страха, ни тошноты не чувствую, на некоторых аттракционах в парке бывает покруче. Перелет до Милана занял около четырех часов. Я наблюдал в иллюминатор проплывающие где-то далеко внизу огни городов. На горизонте большое светлое пятно – Москва, вскоре замечаю знакомые по карте очертания родной Рязани. Но мои дети не разглядят меня в небе – полет проходит на высоте десять километров.

Если перелет Москва-Милан не доставил мне никакого дискомфорта, то длинная четырнадцатичасовая ночь (она стала для меня такой из-за вращения Земли) в Боинге 777 была сущим адом. Все-таки, места в экономклассе не рассчитаны на пассажиров моего роста. Подлокотники чуть не впивались мне в бока, вытянуть ноги было проблематично. Короче, удалось подремать лишь два пару раз по часу-полтора. Зато на подлете к столице Аргентины меня ждала награда: грандиозное, завораживающее зрелище грозы, наблюдаемой сверху. Тучи вспыхивают изнутри бело-голубым, как будто в них запускают фейерверки. А потом мы вылетели из грозы и увидели рассвет, заливающий голубой горизонт красно-желтыми оттенками. Когда самолет коснулся посадочной полосы, пассажиры зааплодировали экипажу. Я в Буэнос-Айресе.

Пройдя паспортный контроль, встретился с Игорем Честиным, еще одним российским участником экспедиции, директором Московского отделения Всемирного фонда охраны живой природы, ученым-биологом. Он летел бизнес-классом и уже не первый раз в Аргентине. Разменяв доллары на песо, сели в такси и поехали в местный аэропорт. По пути не мог оторваться от окна. Диковинные деревья, цветы и травы, чужеземные дома и улицы… Сдав багаж и зарегистрировавшись на рейс до Ушуайи, мы вышли на набережную Рио де ла Плата. Здесь река впадает в Атлантический океан, безграничные просторы желтоватой от песка и ила воды текут за горизонт. Местные рыбаки заняты любимым делом. Мы гуляли по набережной, в летней забегаловке заказали аргентинский бургер с очень вкусными соусами, которые кладешь сам из стоящих на прилавке мисок. Взяли аргентинское пиво и некоторое время блаженствовали за пластмассовым столиком. Я вдыхаю влажный тропический воздух, наполненный незнакомыми запахами. Мог ли я когда-либо представить, что окажусь на другой стороне планеты? Восторг отчаянно бьется в моей груди. Мимо проезжают местные машины, новых автомобилей среди них гораздо меньше, чем в Рязани. Набережную и аэропорт Хорхе Ньюборна связывает металлический пешеходный мост, но никто по нему не ходит из-за аварийного состояния. Все пользуются светофором, при этом не рискуя идти на красный – аргентинские водители ездят спокойно, но очень быстро, с места набирая 80 км/ч.

**Ушуайа.**

17 февраля я оказался в Патагонии, в городе Ушуайа - самом южном городе в мире, расположенном на берегах пролива Бигля и окруженный горами, это - столица провинции Огненная Земля и Острова Южной Атлантики. В аэропорту участников экспедиции встречал сам Роберт Свон. Обмен приветствиями, дружеские объятия. Мы садимся в такси вместе с американкой Катериной Симонд. По дороге рассматриваем городок – одно-двухэтажные домики, аккуратные палисадники, вывески заведений. Дорога петляет по

склону. Нас привозят в гостиницу Del Glacier, расположенную у подножия горного массива. Интересно, что в Ушуайе в качестве строительного материала активно используется древесина: из нее был сделан наш отель, многие общественные здания и даже аэропорт. Из окна номера открывается захватывающий вид на заснеженные вершины, а из холла – на сам городок и красивую бухту.

После проверки нашего обмундирования одним из лидеров экспедиции, норвежцем Тоби, заваливаюсь спать – все-таки дальняя дорога отняла много жизненной энергии.

Чтобы подготовить участников к антарктическим испытаниям, Роберт Свон и его команда посвятили три дня специальным занятиям с нами. В первый день это были командные тренинги и большая лекция Роберта. Он рассказал о своих первых экспедициях, своем выступлении перед лидерами мировых держав на тему сохранения Антарктиды, о проекте «Mission Antarctica», об уже состоявшихся международных экспедициях и планах на будущее. Сопровождаемая показом видеофильмов и слайдов, лекция произвела неизгладимое впечатление на всех нас. В перерывах мы знакомились и общались. В экспедиции принимало участие шестьдесят шесть человек из почти двадцати стран мира.

На следующий день было запланировано восхождение к леднику на вершине местного горного массива. Надо сказать, что февраль в Южном полушарии соответствует нашему августу, конец лета. Однако, несмотря на то, что широта Ушуайи примерно соответствует широте Москвы, близость Антарктиды и океаническое окружение оказывают свое влияние на местный климат. Солнечная погода постоянно сменяется пасмурной и дождливой. Температура около 5-7 градусов тепла. Для особых условий требуется особая экипировка. Я одел термобелье, водозащитные брюки и куртку. В открытом кузове мини-грузовичка наша группа приехала к подножию горы. Во время подъема мы с интересом осматривали местную природу. Она очень красива и местами похожа на среднерусскую – почти такие же одуванчики, клевер, злаки, немного отличаются мхи и листья на деревьях. Есть и свои, уникальные виды.

Пересекая небольшие ручьи, карабкаясь на достаточно крутые участки, ощущая под ногами шуршащую подвижную каменистую почву, мы поднимались на высоту два с половиной километра к леднику. Вот и ледник. Вокруг нависают черные базальтовые скалы, в фокусе ложбины живописно лежит город и залив. Иностранцы играют в снежки. Я умываюсь водой из горного ручья, начинающегося от ледника.

Третий день мы провели в Национальном парке «Огненная земля». Автобус привез нас по горному серпантину к питомнику по разведению ездовых собак породы хаски. Около сотни разновозрастных щенков встретили нас задорным лаем. Каждая собака была привязана к отдельному столбику и имела в качестве конуры пластиковую бочку. Среди всего этого собачьего царства важно прогуливался большой рыжий кот.

Наша группа двинулась вперед. Форсировав пару нешироких шустрых речушек (перебираться приходилось по своеобразным мостикам из скользких бревен и жердей), мы вышли на лесную тропинку. Я пытался обнаружить какие-нибудь аргентинские грибы, но безуспешно.

После подъема по поросшему лесом склону холма мы оказались на заболоченном плато. К тому же пошел дождь. В таких, достаточно экстремальных, условиях, чавкая грязнющими ботинками, группа вышла на берег поразительно-бирюзового озера, образовавшегося давным-давно в результате таяния части ледника.

Мы пошли вокруг озера, пробираясь через скользкие стволы поваленных деревьев, в огромном количестве заполнивших прибрежный лес. Вскоре причина такого «бурелома» стала ясна: мы вышли к бобровым запрудам. Их было несколько, по принципу ступеней, то есть каждая последующая запруда была выше предыдущей примерно на полметра. На середине самой большой запруды виднелась большая хатка – собственно, резиденция бобров. Вокруг был основательно подпорченный лес. На торчащих повсюду «огрызках» деревьев четко обозначены следы зубов. Как выяснилось, местные ученые завезли бобров в национальный парк «Огненная земля» с самыми благими намерениями, заботясь о сохранении и разнообразии природы. Однако шустрые грызуны быстро освоились на новой территории и приступили к массовой «порубке» леса. В итоге этим, не до конца продуманным вмешательством, человек нанес существенный ущерб локальной экосистеме.

Пройдя еще некоторое расстояние, наша группа расположилась на привал. Все достали сухие пайки, выданные нам утром. Удивительное ощущение: обедать в заповедных лесах Патагонии. Начинаешь действительно чувствовать себя первопроходцем, Амундсеном, если хотите, - ведь именно его именем был назван этот день нашей экспедиции. Состоялась дискуссия – идти ли дальше или возвращаться. Было решено пройти еще немного. И хотя в итоге мы так и не дошли до местного ледника, но посмотрели путь, по которому двигались вниз ледовые массы в доисторические времена. На своем пути ледник оставил множество огромных валунов. При взгляде вниз открывался потрясающий вид на бирюзовое озеро и заболоченное плато. На обратной дороге я споткнулся и немного расшиб колено. Однако в целом мы успешно добрались до собачьего питомника, где нас ждал сюрприз. В просторном деревянном павильоне были накрыты столы с аргентинскими закусками: сыром, остро-кислой колбасой, нарезанной кубиками, домашними пирожками и прочим разносолом. Тут же смуглый бармен наполнял кружки местным разливным пивом – светлым и темным. Пиво было просто супер. После третьей кружки темного нега и блаженство разлились по уставшему после похода телу. В тот момент мне было просто очень хорошо. Еще пара подходов за пивом, сигарета – и вот я уже сижу в мягком кресле автобуса, везущего нас обратно в гостиницу.

21 февраля нам предстояло отплытие в Антарктиду. Выписавшись из отеля, мы направились в город, где в здании старинной гарнизонной тюрьмы (ныне – музей) Роберт Свон прочитал краткую лекцию о проливе Дрейка,

сопровождаемую показом устрашающих кадров: волна размером с пятиэтажку обрушивалась с неимоверной силой на нос судна. После этого мы отправились гулять по Ушуайе. На центральной улице Сан Мартин, где расположилось большинство торговых точек, нам встретились люди, одетые в костюмы бобра и пингвина – главных тотемов Ушуайи. Пообедать мы зашли в характерное аргентинское заведение. В нем на углях жарились цельные туши ягненка и теленка. За двадцать песо (чуть меньше семи долларов) можно неограниченное число раз просить человека, готовящего мясо, положить понравившийся кусок. Кроме того, за эти же деньги в распоряжении посетителей приличный салат-бар с закусками и гарнирами. Вино и пиво оплачивается отдельно, но тоже по очень скромным расценкам. Мне особенно понравился кусочек молодого барашка, но и все остальное было настолько вкусным, что я натурально объелся.

После обеда мы направились в порт, откуда стартуют морские переходы в Антарктиду. Любопытно, что у пирса были пришвартованы корабли с российскими флагами и с русскими названиями, вроде лайнера «Любовь Орлова». Среди других океанических красавцев нас ждал наш корабль.

Судно «Ушуайя» долгое время использовалось в научных целях, а после капитального ремонта стало достаточно комфортабельным транспортным средством для доставки экспедиций и туристических групп к берегам Антарктиды. Конечно, оно не является ледоколом в полном смысле этого слова, но позволяет спокойно проходить заполненные обломками льда участки моря. Имеющееся на борту оборудование обеспечивает высокий уровень безопасности путешествий. Мы сфотографировались всей командой у трапа и поднялись на борт. Меня поселили в каюте вместе с сотрудником Бритиш Петролеум Гарри Хершем. В маленьком помещении, в принципе, есть все для более-менее комфортного путешествия. Двухъярусная кровать (я с истинно русской щедростью отдал нижнее место Гарри), стол, шкаф, умывальник, совмещенный с душем туалет на две каюты. Располагаемся, звучит прощальный гудок – и вот мы отплываем. Впереди нас ждет инструктаж по безопасности. Нам объяснили правила пользования спасательными жилетами, показали самоходные закрытые спасательные шлюпки и самораспаковывающиеся круглые плоты.

**Пролив Дрейка.**

Пройдя пролив Бигля, около полуночи мы вошли в знаменитый пролив Дрейка. Некоторые участники экспедиции стояли на палубе и любовались непривычными созвездиями Южного полушария, а волны становились все больше и больше. Шторм в 4-5 баллов – обычное состояние для пролива Дрейка, и нам повезло, что во время путешествия волнение не превышало трех баллов. Однако качало сильно, многие люди все два дня, пока мы проходили Дрейк, пролежали на кроватях. В каютах падали стулья, вещи оказывались на полу, в столовой билась посуда. Утром Роберт Свон изумился, что на завтрак пришла целая половина команды. Ведь, по его словам, обычно на первый завтрак в проливе Дрейка приходит не более десяти человек.

Следующие два дня часть команды провела в горизонтальном положении, несмотря на таблетки, пластыри и уколы от морской болезни. Мой сосед Гарри не вставал с кровати даже для посещения столовой. Остальные смотрели кино на большом плазменном экране в кают-компании и дискутировали в сформированных Робертом Своном рабочих группах.

### Антарктида.

23 февраля, поздно вечером, мы подошли к острову Короля Георга, где расположена российская антарктическая станция «Беллинсгаузен». Приятным событием этого дня было и то, что наши русские девушки не забыли поздравить нас, мужиков, с Днем защитника отечества. Они даже умудрились подарить нам сувениры, специально приобретенные в Ушуайе. За это дело мы выпили виски. Передовой отряд экспедиции осуществил ночную высадку на берег, чтобы подготовиться к приему остальной команды. Утром настал и наш черед садиться в «Зодиаки». «Зодиак» - это резиновая лодка с жестким плоским дном и мощным мотором «Mercury», с помощью которой осуществляются высадки с корабля, который не может подойти вплотную к берегу. Среди «пилотов» «Зодиаков» была даже одна дама, Сусанна, бывший ученый-биолог, вышедшая замуж за помощника капитана и

теперь бороздящая вместе с супругом океанические просторы на правах барменши и водителя «Зодиака». Чтобы разместиться на «Зодиаке», приходится спуститься по трапу почти до уровня воды и очень аккуратно приземлить свою пятую точку на надувной резиновый борт. Но вот мы уже устремляемся к берегу, где нас встречает первый пингвин. Мы решили, что сегодня он – дежурный по встрече туристов. Вдоль берега две широких цветных полосы – красная и желтая. Это оставленная приливом морская капуста.

Подошли к домикам-контейнерам нашей антарктической станции. Роберт Свон послал российскую часть экспедиции устанавливать контакт с полярниками и «держать руку на пульсе» на случай всяких непредвиденных ситуаций. Первый же встреченный нами человек, узнав, кто мы, широко улыбнулся и пригласил войти в домик. Не успели мы разуться, как к нам вышел Алексей Владимирович, начальник станции. Он показал помещения станции: рабочие места ученых, бытовые помещения, гостиную с большим плазменным телевизором. В гостиной мы встретили Зиновия Кривецкого, героя "Mission Antarctica". Через его руки прошли те самые полтора миллиона тонн отходов, вывезенных командой Свона-Малахова из Антарктиды. Я знал Кривецкого еще по нашим рязанским делам (он помогал с ремонтом одного бизнес-объекта) и поэтому встреча с ним на таком расстоянии от дома была вдвойне приятной и трогательной. Обитателям станции уже передали наши гостинцы в больших коробках. Каждый из участников экспедиции выбирал подарки самостоятельно. Игорь Честин, к примеру, передал диск с песнями Высоцкого, а я – водку, перелитую в пластиковую бутылку, и бабаевские шоколадки.

Испив горячего чая с российскими исследователями, мы направились осматривать окрестности. Знаменательный факт: на станции «Беллинсгаузен» установлен памятный столб, к которому прибиты указатели с названиями трех десятков городов и расстояниями до них. И на фоне других гордо смотрится табличка «РЯЗАНЬ 14450 км».

А на пригорке расположилась небольшая православная часовня. Она сделана из деревянных бревен и оборудована колоколами. Два прикомандированных священника ведут службы по выходным и праздникам, а в остальное время делят кров и трапезу с сотрудниками станции «Беллинсгаузен». Специально для нас батюшки отперли часовню и произвели несколько ударов в колокола – над островом разлилась густая и пронзительная музыка перезвона. Рядом с часовней вальяжно прогуливались два окольцованных поморника, немного напоминающих смесь курицы и голубя. Оказалось, что наши ученые подкармливают этих птиц хлебом, поэтому поморники стали почти ручными, постоянно гуляют рядом со столовой и сопровождают россиян по ближайшим окрестностям.

Затем состоялось торжественное открытие первой антарктической образовательной базы, впечатляющего итога пятилетней работы Роберта Свона. База построена из экологически чистых материалов, ее энергоснабжение будет осуществляться исключительно за счет возобновляемых источников энергии: солнца и ветра.

После церемонии открытия российская часть экспедиции и примкнувшие к нам Антуанетта и Марк отправилась осматривать территорию острова. Нашим гидом вызвался быть Зиновий Кривецкий, который помимо очистки Антарктиды от мусора, сыграл ключевую роль в процессе возведения образовательной базы. Прибыв на «Беллинсгаузен» примерно за два месяца до нашего появления там, он вместе с двумя коллегами собрал и установил здание образовательной базы. За время, проведенное на острове короля Георга, он досконально изучил окрестности. Пройдя по раскисшей дороге, мы вышли на болотистую низину, покрытую островками мхов и лишайников, основных представителей антарктической флоры. По словам сотрудников станции, в этом году они впервые наблюдали достаточно обширные участки зеленой травы, что, в общем-то, редкость для пятого континента. Вскоре местность стала более гористой. Под ногами шуршали разноцветные полудрагоценные камни – их были целые россыпи, однако по существующим правилам, из Антарктиды нельзя ничего увозить. Мы вышли на побережье и сразу же увидели группу крупных морских слонов, лениво отдыхавших на берегу. Стараясь не шуметь и не пугать животных, мы любовались забавными позами, в которых отдыхали морские жители.

Неподалеку от лежбища морских слонов, на каменном уступе, расположилось несколько «усатых» пингвинов. Пингвины имеют родственные корни с альбатросами и буревестниками. Их общий предок был хорошим подводным пловцом, подобно сегодняшним гагаркам или ныряющим буревестникам. Миллионы этих привлекательных птиц живут в Антарктиде, собираясь в огромные колонии для размножения. Из всех разновидностей пингвина только два вида весь год живут на антарктическом льду - Адели и Императорский.

Пингвины – симпатичные и достаточно любопытные птицы, которые пока еще не хранят в генетической памяти страх перед человеком. Однажды одна из участниц экспедиции, фотографируя, случайно выронила перчатку.

Оказавшийся рядом пингвин немедленно приблизился к незнакомому предмету и клюнул его.

Чуть в стороне от пингвиньей колонии мы увидели пару морских котиков. Один из них, заметив нас, шустро поскакал к воде. Уже заходя в набегающие волны, он повернул голову и укоризненно посмотрел на нас, как бы говоря: «Ну что вы мешаете нам отдыхать!». Морской котик - единственный тюлень, которая может использовать задние плавники для «ходьбы» или прыжков на суше, в отличие от остальных тюленей, которые передвигаются на берегу ползком. Кроме того, у морского котика имеются четко выраженные уши. Немного поодаль от котиков дремал тюлень Уэдделла. В этот день мы встретили и тюленя-крабоеда, который на самом деле не ест крабов, а питается крилем.

Мы возвращаемся на станцию «Беллинсгаузен», где нас угощают горячим домашним русским обедом. Как приятно после недели питания на западный манер съесть густую соляночку и выпить кисельку! На большом телевизоре в столовой – российский канал, передача «Смак» с Иваном Ургантом. Черт побери, а ведь я уже заскучал по Родине. Для наших коллег-иностранцев, наоборот, все ново и любопытно. После обеда мы посетили досуговый модуль станции «Беллинсгаузен» с небольшим спортзалом и библиотекой. Здесь же – интересные стенды с антарктическими фотографиями и описаниями международных экологических проектов, в которых принимали участие российские ученые.

Когда пришло время садиться на «Зодиак» и возвращаться на корабль, мне было немного жалко оставлять Зиновия на берегу – он, похоже, сам был бы рад поплыть с нами дальше вокруг Антарктического полуострова. Провожать нас примчался начальник станции. Причем примчался в прямом смысле – на большой скорости влетел на берег на своей «Ниве» с огромным российским флагом на двери вместо номеров. Да, любителям погонять по бездорожью на острове Короля Георга раздолье!

На следующий день на нашем пути появились первые айсберги, огромные, имеющие только видимую часть размером примерно с пятиэтажку (а подводная часть – в два-три раза больше). Это были так называемые столообразные айсберги, которые были некоторое время назад частью шельфового антарктического ледника. Ледник медленно сползает в океан и от него периодически со страшным грохотом отламываются большие куски. Многовековая история этих глыб отчетливо видна в слоистой разноцветной структуре айсберга. Цвета антарктического льда поражают воображение – от белого и нежно-голубого – до глубокого синего и зеленоватого. Голубой лед – это более старый лед. Мы заворожено наблюдали с палубы, как корабль проплывает между айсбергами. Очередное уникальное ощущение, когда в полсотни метров от тебя проплывают ледяные махины.

Наконец-то мы высаживаемся непосредственно на антарктический континент. Нас встречает колония ослиных пингвинов и непонятно как прибившийся к ним пингвин Адели. Он черно-белого цвета, даже клюв – черный. Может на метр подскакивать из воды, выбираясь на скалистые берега и айсберги. В 1990 году популяция пингвинов Адели составляла почти два с половиной миллиона. Свое название этот пингвин получил в честь жены французского полярного исследователя Дермонт де Урвилля.

Чуть в стороне – две семьи морских котиков, самцы грозно посматривают в нашу сторону и рычат. По антарктическим правилам, нельзя приближаться к тюленям ближе, чем на пятнадцать метров и проходить между животным и морем (при испуге котики скачут к воде и могут по пути ненароком серьезно покалечить нерадивого туриста).

Мы поднялись на ледник. Казавшаяся издалека однородной и надежной, поверхность шельфового льда местами таит серьезные опасности. Кое-где из-под снега выступает вода, а, значит, возможен пролом или трещина. Под руководством Роберта Свона мы прошли, сильно топая ногами, в разных направлениях, чтобы обозначить безопасный участок. Состоялась грандиозная фотосессия. Люди снимались с флагами своих стран, своих компаний, с Робертом Своном и просто на фоне сурового антарктического пейзажа. Спустившись на берег, мы занялись съемкой местной фауны. Я пытался запечатлеть нескольких пингвинов на фоне льдинистого океана, как из воды на камни стремительно вылетела огромная черная туша. Недовольно поводив змееобразной головой, морской леопард медленно сполз обратно в море, расстроенный неудачной охотой на шустрых пингвинов. Те вовремя выскочили на сушу, где свирепый антарктический хищник им уже не страшен.

К кораблю нас вез горячий аргентинский парень, который разогнал «Зодиак» до бешеной скорости. Когда мы пересекали участки тающего льда и волны от соседних лодок, то нас сильно подбрасывало. Я ухватился за страховочный трос обеими руками, поскольку с учетом своего роста и веса мог легко вылететь за борт. Однако все кончилось благополучно – мы прибыли на «Ушуайу», где после душа, отдыха и ужина прослушали лекцию голландской экологической организации IMSA на тему глобального потепления и «зеленых» технологиях.

***

26 февраля мы встали достаточно поздно – впереди была ночевка на побережье Антарктиды. На нашем пути в очередной раз возникла целая группа огромных айсбергов, от одного из них с жутким грохотом откололся приличный кусок. Потом такие куски, порой изумительно причудливой формы, дрейфуют по океану, постепенно подтаивая и раскалываясь на более мелкие фрагменты. Заканчивают айсберги свой жизненный путь в тихих бухтах, куда их выносит течение. Такие места называют «кладбищами айсбергов». Через некоторое время нам встретилось стадо кормящихся китов-полосатиков. Их было около десятка, некоторые подплывали совсем близко к кораблю, пускали шумные фонтаны на выдохе и демонстрировали нам свои грандиозные хвосты.

В этот день мы побывали на двух островах с колониями пингвинов и котиками. Во время одной из высадок «Зодиак» специально отклонился от кратчайшего пути с целью обогнуть замечательный айсберг небесно-голубого цвета. Мы проплыли буквально в паре десятков метров от ледяного гиганта. После обеда началась активная подготовка к высадке для ночевки в Райском заливе, на одном из шельфовых ледников шестого континента. Мы прошли инструктаж, подобрали и проверили экипировку. Чтобы противостоять суровым условиям Антарктики были использованы профессиональные альпинистские палатки, туристические коврики-«пенки» и пуховые спальные мешки. Мы прибыли на место вечером. По антарктическим правилам допускается одномоментная ночевка на материке не более сорока человек, поэтому экспедиция разбилась на две части. Все наши вошли в первую группу. Пройдя каменистую прибрежную полосу, мы вышли на заснеженную ледяную равнину, расположенную в ложбине между двумя холмами. Отсюда открывался изумительный вид на Райский залив. После выбора и разметки лыжными палками безопасной зоны, мы поставили палатки, используя специальные колышки-буры. Потом подготовили свои спальные места. Наша маленькая подгруппа состояла, помимо меня, из Марка Уоллеса, Катерины Симонд и Рейчел Кирш.

У нас была пара двухместных палаток, в которых мы разместились, вернее, разделились по половому признаку. Интересно, что в «профилактических» целях англичанин Марк взял с собой водку, а русские коллеги – коньяк и виски. Мы до полуночи общались в небольших кружках, умеренно употребляя спиртное. Китайские ребята затеяли игру по типу петушиных боев – прыгая на одной ноге и толкаясь, нужно было попытаться уронить соперника на снег. Кто-то лепил снеговиков, возможно, первый раз в своей жизни. Было что-то сюрреалистическое в свете налобных фонариков, в позвякивании металлических термокружек с греющими напитками, в песнях на разных языках, во всей этой картине на самом краю земли. Благодаря современной экипировке: костюмам из мембранного материала «Гор-текс», термобелью, флисовым курткам – нам было совсем не холодно. Около полуночи мы с Марком легли спать. Выбрав золотую середину, я не стал забираться в спальник в полной экипировке, как советовали наши организаторы, но и не разделся до термобелья, как предлагал Игорь Честин. Решил остаться в флисовой куртке. В общем, во время ночевки я особо не замерз, хотя спину ощутимо подмораживало. Главным неудобством был не холод, а жесткость ледяного антарктического ложа, образовавшегося из уплотнившегося снега и подтаявшего льда. Удивительное ощущение – знать, что под нами несколько метров ледника! Удалось нормально поспать около шести часов, хотя первый раз я проснулся в четыре по естественной нужде. Выбравшись из палатки, я лицезрел фантастическую по понятиям обычного человека картину – бескрайняя дымка, уже начинающее светлеть небо, снежно-ледяная лощина, где расположился наш лагерь, залив за гранью многометрового обрыва и … громкий храп из всех палаток.

Утром, на пути к берегу, где нас ждали «Зодиаки», наш путь пересекся с пингвиньей тропой. Спускаясь с холма, симпатичные антарктические аборигены шли с ночевки к морю. Как предписано антарктическими правилами, мы уступили им дорогу. Пингвины с любопытством оглядели нас и пошли дальше, предвкушая аппетитный рыбный завтрак. Однако в море их поджидала опасность. Голодный морской леопард схватил одного из зазевавшихся пингвинов. Намертво зажав маленькое тельце в страшной зубастой пасти, хищник стал методично бить добычей о воду. Как нам пояснили, таким образом он как бы вытряхивал пингвина из шкурки, чтобы съесть уже очищенное мясо. Внешне эта кровавая сцена выглядела просто ужасно. Но таковы суровые законы антарктической жизни.

Уже на корабле я вышел на палубу практически в одиночестве. И внезапно увидел кита-полосатика совсем рядом с кораблем. Кит лихо перевернулся вокруг своей оси, показав мне свое брюхо, и ушел на глубину.

Весь этот день шел снег, такой по-русски привычный, что я немного затосковал по России. Из-за наледи ходить по палубе в тапочках стало опасно, пришлось переобуться в кроссовки. Иностранцы мерзляво ежились в гортексовских курточках, некоторые одели предусмотрительно взятые с собой меховые шапки. Приближалось время «круиза» на «Зодиаках». После обязательной санитарной обработки обуви (которая происходила каждый раз при высадке на материк и при возвращении на корабль – с целью избежать как переноса «наших» бактерий в заповедную антарктическую биосферу, так и заноса микроорганизмов и грязи на корабль), четко называя номера своих спасательных жилетов, мы загрузились в наши резиновые лодки. Сначала состоялась высадка на острове с очередной пингвиньей колонией.

После этого, прорываясь сквозь белую снежную завесу, мы совершили увлекательную морскую прогулку, огибая айсберги и знакомясь ближе с антарктическими жителями. Вот буквально в двух метрах от нас из воды показалась морда морского леопарда. Он с любопытством рассматривал нас, после чего проплыл под «Зодиаком» (было немного не по себе) и вынырнул с противоположной стороны. Сделав пару кругов, хищник устремился к айсбергу, где, благодаря неравномерному процессу таяния и разрушения, образовалась неглубокая внутренняя полость, заполненная изумрудной водой и соединенная небольшим отверстием с морской акваторией. Видимо, этот айсберг был временным домом для леопарда, с «бассейном» и «столовой» с наружной стороны айсберга, там, где на присыпавшем лед снегу отчетливо темнели кровяные пятна – следы недавних трапез хищника.

На пологом склоне соседнего айсберга расположился тюлень Уэдделла. Мы заглушили мотор, чтобы получше рассмотреть животное. Вскоре к айсбергу подплыл другой такой же тюлень и, неуклюже взобравшись на ледяной край, присоединился к флегматичному отдыху своего собрата.

Во время дальнейшего движения нам встретились еще два небольших осколка айсбергов, на первом из которых притворно мирно возлежал еще один морской леопард, а на втором – тюлень-крабоед с отчетливо проступающими ранами на гладком теле, видимо, от встречи с кем-то из ранее виденных нами хищников. На нашем пути попалась и стая купающихся пингвинов, которые обогнали наш «Зодиак», черно-белыми торпедами промчавшись под водой, лишь иногда выныривая и сверкая на выглянувшем солнце гладкими спинками. В самом конце «круиза» состоялась высадка на пингвиний остров, весь каменистый берег которого был покрыт ужасно скользкими и вонючими зелеными лишайниками или водорослями. Я и Лена Соколова не рискнули пробираться по этой «полосе препятствий», так как уже прилично устали и замерзли сильнее, чем ночью на леднике.

27 февраля состоялась наша последняя высадка на антарктический берег, наше прощание с Антарктидой. Там, на берегу, местами лежали выброшенные приливом осколки умирающих айсбергов. Шумные стайки ослиных пингвинов носились, нимало не стесняясь участников экспедиции. Детеныш ростом со

своего родителя, пытался достать у последнего еду изо рта, за что получил клювом по голове – поделом, пора уже самому добывать пропитание.

Проинструктированная опытным Игорем Честиным, международная группа «моржей», включавшая самого Игоря, Никиту Давыдова, Наташу Коваленко, Катю Яновскую и нескольких китайцев, осуществила минутный заплыв в антарктические воды. Главной проблемой подобной экстремальной акции была необходимость после выхода на берег быстро вытереться, обуться и одеться в сухое и теплое. Ребята все сделали правильно, и поэтому в результате никто не заболел.

Наш корабль взял курс на Ушуайю. Внезапно по правому борту мы увидели целое стадо китов-горбачей. Они пускали шумные брызги на выдохе, ныряли, показывая зачарованным участникам экспедиции свои хвосты. Детеныши китов отличаются любопытством, один из них в сопровождении своей мамы подплыл совсем близко к нам. А над акваторией то там, то тут возникали фонтаны.

*\*\**

Утром третьего марта наш корабль благополучно пришвартовался к причалу Ушуайи. Прощание было продолжительным и сентиментальным. Но внезапно на палубе стоящего по соседству чилийского военного корабля я заметил Зиновия Кривецкого. Ему все-таки удалось присоединиться к нам в самом конце экспедиции. Роберт Свон попросил нашу русскую группу помочь Зиновию с возвращением на родную Украину.

Мой рейс до Буэнос-Айреса изначально был позже, чем у остальных россиян. Я даже записался в лист ожидания в надежде сесть в самолет вместе со всеми. Однако время шло, то и дело звучали объявления о задержке. В итоге я все же полетел своим рейсом, который получился раньше, чем рейс моих коллег.

## Буэнос-Айрес

Самолет приземлился в Буэнос-Айресе во втором часу ночи. Получив багаж, я вышел на улицу, к набережной Рио де ла Плата, где попытался сообразить, где можно найти такси до отеля. После сигареты мозг немного прояснился, и с насущным вопросом я обратился по-английски к стоявшему у дверей сотруднику аэропорта. Отвечал он по-испански… В конце концов, по его жестам стало ясно, что нужно обратиться в одну из конторок внутри аэропорта. С горем пополам объяснившись с менеджером таксомоторной компании, который принял мой заказ и попросил подождать двадцать минут, я стал ожидать типичную для Аргентины черную машину с желтым верхом. Однако в результате подъехала блестящая черная Ауди без каких-либо опознавательных знаков. Сомнение у меня возникло, но квитанция в руке пересилила опасения и мы помчались по ночному Буэнос-Айресу под песнопения местной радиостанции. Водитель пытался меня спросить о чем-то (подсознательно можно было предположить, что вопрос был: впервые ли я в их городе), однако контакта не вышло: он совсем не знал английского, а я – испанского (разумеется, за исключением «уна сервеса, пор фавор» - «одно пиво, пожалуйста»). На одной из маленьких улочек в центре меня ждал отель. Удивительно, но бронь, сделанная месяц назад через Интернет, оказалась прямо на столе у портье. Я попросил дать мне двухместный номер вместо одноместного, поскольку двумя часами позже мне предстояло приютить Зиновия Кривецкого. Особым шиком гостиница не блистала, несмотря на звездность и приличную цену. В номере при попытке принять душ я ждал минут пять, пока потечет горячая вода, биде оказалось засоренным, а сквозь вентиляцию отчетливо слышался шум дождя, идущего на улице.

Завтрак поразил разнообразием закусок и кондитерских изделий. Уходя в город, мы сдали наши номера и оставили вещи на хранение в специальной комнатке. Буэнос-Айрес встретил нас теплой влагой пропитанного неизвестными запахами воздуха. Осмотрев Майскую площадь, где располагаются правительственные учреждения и стая ручных голубей, мы двинулись пешком в сторону знаменитого квартала Сан Тельмо, попутно фотографируя здания, многие из которых помнят еще колониальный период в истории Аргентины. Кое-где, прямо на камнях мостовых, дремали местные бомжи. Горожан, имеющих жилье, на улицах практически не было: девять часов утра воскресенья здесь действительно «рань». По выходным аргентинцы встают не раньше полудня. Кстати, и в будни часы работы многих магазинов и учреждений – с 11.00 до 17.00, с непременной обеденной сиестой с часу до трех.

По мере того, как мы приближались к Сан Тельмо, улочки становились теснее, а дома – меньше. На крышах некоторых зданий расположились крытые верандочки. В этом районе живет творческая «богема», поэтому тут не редкость входная дверь с абстрактным рисунком на месте таблички с именем хозяина. А в центре Сан Тельмо уже разворачивал свои богатства знаменитый блошиный рынок. Внешне он очень похож на уже исчезающие в России открытые рынки – такие же металлические прилавки, полиэтиленовая пленка на случай дождя, аляповато одетые продавцы. Здесь продают как более-менее аутентичные национальные предметы вроде калябасов, серебряной посуды и специальных орудий для ловли страусов (в виде веревки и двух обвязанных камней на ее концах), так и просто старинный хлам с чердаков – сломанные игрушки середины прошлого века, толстые стеклянные сифоны, бутылки из-под уже не выпускающихся напитков и многое другое. Чуть поодаль – целая улица художников со своими работами. На углу сидит мужичек с гитарой и усилителем, однако звуки бодрой латиноамериканской музыки на поверку оказываются записью, звучащей с лазерного диска.

Аргентинская столица активно реконструируется – нам встретилось множество стройплощадок, отгороженных расписанными местными мастерами граффити заборами. На место дряхлых двухэтажных зданий приходят современные, высокие

Мы зашли в католический храм, зажатый с двух сторон обычными домами. Его внешняя строгость и скромность с лихвой компенсировалось роскошью внутреннего интерьера. Для меня, никогда не бывавшего в католических церквях, было просто поразительно увидеть воочию натуралистичные скульптуры Иисуса и святых, а также композиции по библейским сюжетам.

Вскоре мы вышли на Авеню 9 июля – главное шоссе Буэнос-Айреса, имеющее по девять полос в каждом направлении. На газонах вдоль дороги прыгали настоящие соловьи, а деревья, стволы которых имеют причудливую форму бутылки, были покрыты огромными красивыми цветами – желтыми, белыми, розовыми. Кстати говоря, такие цветущие деревья растут по всему городу, удачно дополняя, а местами и заменяя цветочные клумбы.

Миновав памятник Дон Кихоту и пройдя мимо вылезающего из-под земли прямо на тротуар эскалатора станции метро, мы возвратились в гостиницу. Пока ждали такси, я успел ознакомиться с местной газетой, писавшей, помимо прочего, о жестоком разгоне русского оппозиционного митинга в Санкт-Петербурге.

По дороге в аэропорт я изо всех сил вглядывался в окрестные пейзажи, пытаясь увезти с собой побольше ярких картинок-воспоминаний об удивительном южном полушарии нашей Земли, в которое, возможно, я больше никогда не попаду…

… Боинг 777 ззмыл с бетонной полосы международного аэропорта Буэнос-Айреса и сделал круг почета (на самом деле – разворот), увозя меня из такого разнообразного февральского лета, в котором я провел две с половиной недели моих антарктическо-аргентинских приключений. Через четырнадцать часов, во время пересадки в Милане, я увидел на улице, за большим ясным стеклом аэропорта, по-весеннему цветущие кусты роз. И еще через семь часов Шереметьево встретило меня по-отечески сурово, сугробами и льдом. Таким образом, за неполные сутки я пролетел из лета в зиму через весну. Я вернулся домой из уникального путешествия на другой край света, но ношу и буду носить в самом сокрозенном месте своей души это ни с чем не сравнимое, не передаваемое, да простят меня читатели, до конца словами ощущение краткого прикосновения к Антарктиде.

Ушуайя - Антарктида – Буэнос-Айрес – Рязань,  2007г.

# Невско-Волжское рандеву-2008.

## Питер.

Я нервно теребил кнопку «Пуск» на экране компьютера, когда всегда задерживающийся шеф ворвался в офис. Но у меня хороший начальник – несколько деловых писем, пара звонков, краткое обсуждение итогов работы за прошлую неделю, – и вот уже он предлагает подбросить меня до дома. Ещё не куплена карта памяти для фотоаппарата, поэтому по пути заезжаем в магазин, шеф стоически ждёт меня в машине. Дома супруга завершает феминные художественные изыски на своём лице, для меня на столе лёгкий обед. А время уже – четыре, до отправления поезда остаётся всего час. Слава моей предусмотрительности, вещи были упакованы накануне. В хорошем темпе мы движемся в сторону вокзала. Уже в экспрессе «Рязань-Москва» можно отпустить слегка зажимы на эмоциях. Конец июля, солнце бросает меж столбов и деревьев комья яркой жары в окна поезда. Занавески приклеены ароматным железнодорожным ветром к багажным полкам. Вторая часть отпуска, неделя

41

вдали от постылой работы, вдвоём с любимой женщиной, без таких милых, но привычно-проблемных детей. Экспресс струится по Среднерусской возвышенности, нацеленный на столицу.

***

От Казанского до Ленинградского – десять минут торгово-развлекательной клоаки подземного перехода. Как истинные мизантропы, выбирая между купе и плацкартой, мы выбрали плацкарт – по крайней мере, не придётся быть вместе с чужими людьми в замкнутом пространстве. Но что означает такой выбор, я понял, только когда оказался в поезде. В нашей клетушке ехала молодая семейная пара с традиционной курицей на ужин, да и большинство других пассажиров были ничего. Но беда оказалась в том, что на боковых полках в Питер отправились болельщики «Локомотива», севшие пить почти сразу, как только перрон тронулся на юго-восток. Тупые пьяные разговоры не смолкали часов до трёх ночи. Для меня, и так практически неспособного к нормальному сну в поездах, это было двойной пыткой. Я провалился в какую-то громыхающую потную пропасть лишь на час. Полшестого, не вынеся пытки, выполз покурить в тамбур. Придорожная флора чувствительно изменилась – это были уже, в основном, сосны и ели, сизоватые в дымке раннего утра. Когда я вернулся на своё место, супруга уже вовсю марафетилась, хотя до прибытия было минут пятьдесят. В глуховатом гудении просыпающегося плацкартного вагона мы встретили первые питерские строения за окном. Вскоре поезд вкатился в боулинговую дорожку вокзала. Народ, как сонная зубная паста из тюбика, выдавливался из вагона (за исключением фанов «Локомотива» - сочным храпом они продолжали испускать перегар). Шаг на перронную твердь, глоток сыроватой серой свежести – мы в Питере!

***

«А тут прохладно!» - я, дабы избежать неудобств с переодеванием в грязном туалете плацкарта, выехал из Рязани, изначально облачённый в

42

футболку, шорты и сандалии. Ранний Петербург потребовал решительного утепления. Заселение в гостиницу – после часа дня, так что, сберегая драгоценное невское время, мы сдаём свой баул в камеру хранения и выходим на площадь Восстания. Потрясающее ощущение: вновь, через десять лет, оказаться здесь. Не дежавю, конечно, но воспоминания со временем поистерлись и теперь лёгким флёром реставрируемого слайда наложились на видимую реальность. Мы двигаемся по Невскому в сторону центра. По умытому ночным дождём проспекту скользят пока ещё редкие машины. Я вновь вернулся в этот великий город, я вновь касаюсь взглядом фасадов, пропитанных историей.

Фреш, круасаны, блинчики, американо – завтрак в сетевой кофейне с видом на покрытые патиной каменные артефакты Невского. Канал Грибоедова, Фонтанка, Мойка, эти огранитченные шпангоуты города-корабля. Всё ближе его главная палуба – Дворцовая площадь. Неожиданная встреча – рядом с ремонтируемым Гостиным двором на газонах растёт тархун – ярко-зелёные травянистые «ёжики», которыми мы так восхищались во время поездки на

Азовское море в город Ейск. Значит, он может расти даже в северо-западном непростом климате.

Но вот уже золотая указка Адмиралтейства пробила горизонт, Александровский столп и затянутый в зелёную сетку Зимний призывают меня упасть на колени и поцеловать холодный камень площади. Да только жена, поборница приличий и сдерживания эмоций, крепко держит меня в узде. До открытия касс ещё два часа, поэтому мы обходим Эрмитаж и вырываемся на простор Невы. Бьёт лёгкая волна в монолит ступеней, брызги летят в лицо.

Перед входом в Зимний – огромная очередь. Приходится стоять, ночной недосып уже начинает сказываться на настроении. Внутри музея – «хороводы» иностранных тур-групп. Ужасная толчея в залах «итальянцев», «флорентинцев» и «голландцев». Но мы здесь мимоходом. После потрясающих египетских и античных экспозиций наш путь транзитом ведёт к моим любимым импрессионистам. Как здорово «в живую» увидеть работы Ренуара, Моне, Гогена, Сезанна и других.

Насытившись пищей духовной, отправляемся на поиски приемлемого общепита. Невский проспект уже бурлит, он уже не похож на себя же утреннего. В районе Пяти углов мы обнаруживаем хорошее кафе с умеренными ценами. Обедаем и идем на вокзал за багажом.

\*\*\*

С огромной сумкой, извлечённой из камеры хранения, на троллейбусе №5 третий раз за день перемещаемся вдоль Невского. Наша гостиница – в старинном особняке на Английской набережной, близ Новой Голландии. Жаль, окна выходят не на Неву – ведь почти напротив парадного стоит огромный белоснежный круизный лайнер. Номера, переделанные из квартир, по одному на каждом из этажей, соединенных узкой крутой лесенкой, потрясают мою супругу. Они тоже пахнут историей. Я падаю на огромную кровать, но на продолжительный отдых нет времени. Город, в котором я не был десятилетие, зовёт. Нас ждёт роскошь прогулки по каналам Питера на речном трамвайчике.

Голова непрерывно крутится чуть ли не на триста шестьдесят градусов - мы скользим по Фонтанке. Мшистые, грубые своды трехсотлетних мостов проплывают в полуметре над головой. Перед Летним садом – авангардный памятник Чижику-Пыжику, примостившемуся на отвесной гранитной обойме реки. Входим в Большую Неву. Подплываем к «Авроре», сбоку от крейсера прилипло два маленьких судна – символ октябрьского переворота латают после недавнего тарана со стороны прогулочного катера. Вдоль всего фарватера стоят на рейде военные корабли и даже подводная лодка – идет подготовка к торжественному параду в честь дня ВМФ. На одном из судов выстроился нарядный экипаж. Молодые матросики улыбаются пассажирам нашего трамвайчика. Старшие офицеры разглядывают в бинокль симпатичных дам. Зимний проплывает слева, а справа, вырываясь прямо из свинцовой водяной толщи, пляшут струи гигантского фонтана.

После речной прогулки мы ещё немного гуляем по городу, а потом идем праздновать годовщину нашей свадьбы. В понтовитом и дорогом сетевом кафе посетители не интересны для персонала, приходится искать другое место. На удачу нам попадается заведение, где за три сотни рублей в час предлагают неограниченный шведский стол. Перекусив, мы берём в маленьком магазинчике бутылку питерского шампанского и приходим в гостиницу. В номере есть шоколад Редкий случай: супруга-трезвенница наравне со мной распивает удивительно вкусный игристый напиток.

***

На следующий день мы пешком идем до Витебского вокзала, мимо легендарного памятника Петру, мимо Адмиралтейства, вдоль по Гороховой улице. Почерневшие купеческие дома сдержанно провожают нас взглядами. Почти бегом успеваем сесть в последнюю перед дневным перерывом электричку и мчимся в Царское село. В Пушкине я никогда раньше не был, поэтому шаги по земле, знавшей поступь милейшего Александра Сергеевича, вызывают творческий трепет. Екатерининский парк потрясает. Умели же люди

46

жить красиво! Камероновские галереи, Эрмитаж, бани, наконец, Большой дворец. И опять очередь в кассы! Так странно в этом удивительном северо-западном историческом регионе-заповеднике перемешиваются дух и памятники прошлых столетий, от романовских до советских (очередь, которую я уже почти забыл в повседневной жизни – явно из СССР). Супруга мужественно плавится под лучами не по северо-западному горячего светила. Для неё искусно декорированные каменные хоромы – давно уже чаемый глоток живой истории. Но мне роскошное великолепие парадных зал уже немного надоело.

Поэтому после экскурсии по дворцу мы спешим попасть в дальние уголки парка, где, скрытые разросшимися за пару веков деревьями, прячутся не причёсанные экскурсионные хиты, а настоящие артефакты. Вот в конце грунтовой дорожки Арсенал - миниатюрная стилизация под средневековую башенку, без изысков, хранящая на себе следы зубов беспощадного времени. Мы идём дальше, вдоль квадрата затянутых ряской каналов. Люди толпятся у родника, рядом с которым бронзовая девушка разбила кувшин, вдохновив Пушкина на строки:

*Урну с водой уронив, об утес её дева разбила.*

*Дева печально сидит, праздный держа черепок.*

*Чудо! Не сякнет вода, изливаясь из урны разбитой.*

*Дева, над вечной струёй, вечно печальна сидит.*

На большом пруду – круглый островок с высокими елями, кусочек настоящего хвойного леса, на самом деле, взращенный прихотливыми руками создателей парка. И уже в самом конце нашей прогулки – башня «Руины», построенная как символ падения Оттоманской Порты в 1768 году.

\*\*\*

Мы возвращаемся в Питер. По дороге с Витебского вокзала случайно находим кондитерскую «Север» - переехавшую, но сохранившую тот необычный ассортимент, который поразил меня ещё в детстве. Чашечка кофе и пирожные Север, Ленинградское… М-м-м, потрясающе…

В Летнем саду у нас встреча с моим московским другом Сашей. Я с наивным любопытством, недостойным тридцатипятилетнего мужчины, разглядываю обнажённых гипсовых граций. Кажется, что они в ответ рассматривают меня. У памятника старику-баснописцу Крылову играет живая музыка. Мы сидим на лавочке и упиваемся питерским духом.

Вечером мы посещаем собор Спаса-на-крови, возведённый на месте убийства императора Александра II. Чудом уцелевший в годы Великой Отечественной, переживший кощунства советского периода, он немного эклектичен снаружи и гармоничен внутри. Вместо традиционной фрески, убранство состоит из мозаичных панелей на канонические темы. Смальта, выложенная искусной рукой русских мастеров, издали практически неотличима от живописных икон. Здесь же – редкий случай для православного храма – витражи. А элементы алтаря созданы не из обычной смальты, а из драгоценных и полудрагоценных камней.

Солнце уже скатывается всё ниже и ниже с небосвода. Мы заходим в грандиозный Исаакиевский собор, где, после небольшой экскурсии по главному залу, карабкаемся по старинной лестнице вверх, на знаменитую колоннаду. Удивительно, но почти все колонны Исаакия были вырублены целиком из гранитных скал и привезены на место строительства. Две сотни ступеней, помнящих шаги давно уже истлевших в земле людей, шершавые камни стен, прикосновение к которым вызывает причудливые дежавю – и вот мы на самом верху, под кромкой золотого купола. Центр города, Васильевский остров, легендарное ганно питерских крыш, кое-где беспардонно проеденное, как молью, стеклобетонным новоделом, розово-голубое облачное закатное небо, подпираемое в нескольких местах золотыми шпилями, искрящаяся Нева – чудесный мир у наших ног.

***

Утром третьего дня мы опаздываем на электричку до Павловска, в результате чего приходится ехать туда на автобусе. Огромный парк встречает нас прохладой и настоящими лесными запахами. Супруга решила угостить парочку местных голубей семечками. Но стоило ей с характерным звуком бросить горсть корма, как с ближайших елей к жене шумно ринулась целая стая птиц. Они даже пытались некоторое время преследовать благодетельницу. Ей просто повезло не испачкать одежду.

А впереди нас ждут ещё одни старожилы Павловского парка. Проворные рыжие зверьки с пушистыми хвостами соскользнули со стволов и выскочили на асфальт. Хорошо, что, по совету путеводителя, мы запаслись орехами при входе, у вездесущих торгующих бабулек. Смелые белки выхватывают еду прямо из ладони и, помусолив орех, спешат закопать его про запас. Вспомнят ли они зимой, где их кладовые, - не знаю. Но для нас впечатления от общения с этими милыми грызунами навсегда останутся доброй памятью.

Мы исследуем красоту летней резиденции Павла I, ребячимся в живом лабиринте из кустарников, фотографируемся у прелестного павильончика с прудом. Но самое главное приключение этого дня началось, когда мы взяли напрокат велосипеды. Ощущение настоящего счастья: мы мчимся по парку, останавливаясь у скрывающихся в зелени скульптур. Мы добираемся до мавзолея Павла I. А потом мы врываемся в «дикую» часть парка, где ароматный луг сменяется сосновым бором, а почти в самом конце полтора десятка берёз выстроились в хоровод. Обратный путь приводит нас к прудам и Павильону Роз.

Мы спешим вовремя сдать наши велосипеды, и я мчусь ещё быстрее, но в какой-то момент оборачиваюсь и понимаю, что не вижу супругу. Ужас и смятение – ведь она отдала свой мобильник в качестве залога за велосипед, карта-путеводитель у меня, – да и вообще, жена с ориентированием на местности не дружит... Взмокший, я ношусь на огромной скорости то назад по дороге, которой мы ехали, то по боковым тропинкам, и, наконец, обнаруживаю благоверную на аллее ведущей к железнодорожной станции. В итоге вовремя сдать велосипеды не удаётся, приходится доплачивать. Но тревожная ситуация позади, и мы садимся перекусить под зонтик местного летнего кафе. Усталый, но безмерно счастливый, я ем шашлык, запивая его свежим разливным пивом и душистым воздухом Павловского парка.

Возвратившись в Петербург, мы созваниваемся с Сашей и договариваемся съездить на малые острова. На Каменном острове – элитные дачи и закрытые клубы, зато дальше, на Елагине острове – замечательный парк с внутренними прудами. На дорожках обгоняют друг друга роллеры и велосипедисты, а мы берём на прокат лодку. Сначала гребёт Саша, потом его сменяет супруга. Мы проплываем в каких-то паре метров от любопытных уток. Жаль, не захватили хлебушка… Почти касаются воды густые кроны ив и лип. Тёплый летний вечер, вокруг другие отдыхающие на лодках и катамаранах, звучит радио. Что-то такое, милое и сентиментальное из прошлого, наполняет современное пространство. Мы ныряем под пролёт мостика, повторяя в миниатюре своё недавнее путешествие по питерским каналам.

Я рискую и тоже сажусь за вёсла. Тело одобрительно отзывается эндорфинами на приятную мышечную нагрузку. Грести по ровной глади пруда не так сложно, но впереди – опять мостик. Кое-как справившись с его прохождением и не повредив инвентарь, на выходе из пролёта я тараню катамаран с двумя девушками на борту. По счастью, всё обходится благополучно, петербурженки проявляют нордический характер и даже не визжат. Вскоре мы причаливаем к берегу. Довольные и чуть уставшие, идём назад, на Каменный остров, к месту, где припаркована Сашина машина.

\*\*\*

Вечером того же дня мы решаем посмотреть на ещё одну питерскую диковину – разводные мосты. В ста метрах от гостиницы – мост лейтенанта Шмидта, его нам и предстоит наблюдать в действии. На набережной достаточно много людей. Вековые здания красиво подсвечены. Вообще, ночной Питер – это отдельная песня. Первые её аккорды – это предупредительные звонки перед началом разведения моста. И вот громадная металлическая конструкция с тоннами асфальтового покрытия начинает поразительно плавное и уверенное движение вверх. Две створки моста замирают лестницами в небо, по Неве проносится маленький катерок с мигалкой и начинается шествие гигантских мастодонтов-барж. Становится заметно прохладнее, словно корабли принесли суровый морской воздух с собой. Мне хочется ещё погулять, но супруга тянет меня в номер – ведь на завтра у нас еще много планов.

***

Утром мы забираем вещи из гостиницы и кладём их в машину моего друга Саши. Заезжаем позавтракать в маленькую французскую кондитерскую. Там достаточно дорого, но зато неприлично вкусно. Подкрепившиеся, начинаем движение в сторону Кронштадта. Несмотря на субботу, более-менее удачно преодолеваем расстояние до знаменитой дамбы и вот уже летим по узкому бетонному волнорезу. Город-форт, город-крепость... Мы здесь впервые...

Грандиозный Морской собор внутри оказывается в весьма запущенном состоянии, хотя экспозиция расположенного в нем военно-морского музея не оставляет нас равнодушными. Мы осматриваем старинные снаряды, макеты кораблей и орудий, живых свидетелей героических событий прошлых веков, вплоть до Великой Отечественной войны. По улочкам, на которых здания

Российской империи соседствуют с советскими постройками, мы выходим к пирсам. По дороге я мысленно переношу себя в далёкое прошлое и пытаюсь выстрелить из раритетной пушки, стоящей прямо на тротуаре.

Неподалёку от причалов – ремонтные доки, построенные ещё во времена Петра I. Ну как устоять и не сесть на небольшой экскурсионный кораблик, чтобы осмотреть возвышающиеся то там, то тут над водой знаменитые форты того же исторического периода.

Весьма рискованно разойдясь с паромом, немолодой капитан выводит нас на простор Финского залива. Уцелевшие в мясорубке истории шедевры военно-инженерной мысли смотрят на мир черными зловещими норами бойниц. А форт Александр, круглый и чёрный, кажется обгоревшим в пламени вечности.

К вечеру мы возвращаемся в Питер и расстаёмся с Сашей – он отправляется в Москву на своей машине. А мы садимся в поезд, ранним утром привозящий нас в столицу. С Ленинградского вокзала мы перемещаемся на Киевский, чтобы сесть на скоростной экспресс в Домодедово. Невыспавшиеся, голодные, с трудом дожидаемся нашего рейса до самарского аэропорта Куромоч. Через полтора часа полёта мы приземляемся в пункте назначения, и частник на пожилой иномарке везёт нас в Тольятти.

**Волга.**

Дорога скатывается и поднимается по холмам. Где-то вдалеке, на горизонте, миражом проступают Жигулёвские горы. Бывший Ставрополь живёт

тремя отдельными, изолированными районами, которые соединяются весьма неплохими автотрассами. Наша гостиница «Азот» расположена в Центральном, «историческом» районе, недалеко от места, где супруга будет проходить курсы по изготовлению стеклянных бусин – лэмпворку. Измученные переездами-перелётами, мы некоторое время отдыхаем в номере – однокомнатной квартире. Потом идём изучать местность. Улица Победы, один из лучей своеобразной веерной планировки района, упирается в городской парк. Там нам удаётся посмотреть на окрестности с высоты колеса обозрения.

После этого мы очень сытно и вкусно обедаем, нет, скорее, ужинаем в кафе неподалёку от парка. Удручает одно: в регионе со славными пивоваренными традициями в розлив продают уже набившие оскомину федеральные марки пива. А местного, свежего и живого, почти нет. Даже в специализированных отдельчиках-пивняках, коих здесь действительно много, тольяттинское и самарское пиво практически отсутствует. А мы продолжаем прогулку по городу. По пути нам попадается умилительный парад в честь дня военно-морского флота России. Ради этого парада ГИБДД перекрыла с дюжину улиц и проездов. Впереди колонны шагает оркестр, за ними – несколько моряков и шеренга ребятишек разных возрастов в парадной морской форме. Сухим горохом разбегается барабанная дробь, медь наполняет пространство свежим звуком. А вокруг в густоте деревьев прячутся двух- и пятиэтажки старого Тольятти. Вообще, мне этот город показался очень зелёным, чего только стоят настоящие леса, разделяющие городские районы.

\*\*\*

В самом начале первого дня, проводив жену на её занятия, я отправляюсь в Самару, на частных «Жигулях» (а на какой ещё марке, по-вашему, ездит Тольятти) с двумя незнакомыми попутчиками. Из окна машины осматриваю современные районы поволжской столицы, поражаясь обилию круговых перекрёстков и наличию серьёзных пробок. Самара выливает на меня ушат шума и дождя. Ориентируясь по новому стеклянному семиэтажному зданию местного вокзала, я начинаю своё движение по главной улице исторического центра – Красноармейской. Для меня оказаться одному в совершенно незнакомом городе – в последние годы совершенно особенный интерес и удовольствие. В прошлом году так было в Буэнос-Айресе, куда я прилетел ночью. В этом - Тольятти, Самара...

Надеясь на потом, пробегаю мимо нескольких рыбных палаток, где большими кучами сложены в вяленом и копчёном видах волжские рыбки, рыбы и рыбины, часть из которых я не знаю даже по названиям. Первый же переход через проезжую часть дороги, превратившуюся в русло полноводного ручья, заканчивается залитыми кроссовками. Но сдаваться не время. Почти вся Красноармейская улица – это затаившаяся история. От двухэтажных деревянных и каменных купеческих домиков с прихотливыми портиками, маленькими колоннами и другими симпатичными изысками до помпезных, но уже обветшавших строений позднесоветского периода. Примечательно, что большинство архитектурных памятников – жилые. Кое-где, как и в любом современном городе России, яркими язвами проглядывает торгово-офисная и элитно-квартирная «точечная» застройка. Зато в скверике – зелёная скульптура из кустарников в виде двух лебедей.

Улица потихоньку скатывается к Волге. Протыкают сумрачное небо заточенные башни костёла. Я захожу в Струковский сад – красивый парк на набережной, где посетителей на входе приветствуют ангелоподобные мальчик и девочка под бронзовым зонтом, словно сошедшие с пасхальной открытки позапрошлого века. Из-за дождя сад пустынен, и мне удаётся вдоволь насладиться красивыми клумбами и причудливыми альпийскими горками. Я выхожу на набережную. Объектив фотоаппарата уже весь в каплях дождя. Но я полной грудью вдыхаю волжский простор, пытаясь сохранить в себе навсегда это чувство, которое, наверное, и есть настоящая любовь к Родине. Я громко (никого нет поблизости, и шумит дождь) пою «Издалека долго течёт моя Волга…».

Набережная выводит меня к легендарному пивзаводу. В фирменном ресторане я заказываю осетровую уху по-царски, острые колбаски и, конечно, свежайший, живейший разливной золотой пенящийся напиток. В ногах гул, я весь промокший и уставший, но такое ощущение счастья, как в этот момент, бывает у меня в жизни нечасто.

Уже с новыми силами я карабкаюсь от реки к Самарской площади, где исполинский столб, увенчанный фигурой рабочего, устремляется в космос. Почему-то вспоминаю питерскую Александровскую колонну. Последние щелчки фотоаппаратом – и в обратный путь, к вокзалу, но вновь не судьба воспользоваться общественным транспортом. Я возвращаюсь в Тольятти на частнике, который набрал в салон своего «Жигуля» аж четырех пассажиров.

\*\*\*

Утром следующего дня я решаю отправиться на поиски села Усолье и знаменитой своей мистической энергетикой горы Светелки. Паромная переправа через разродившуюся многокилометровой ширины Куйбышевским водохранилищем Волгу расположена в Автозаводском районе. Глупо не воспользоваться этим обстоятельством и не посетить технический музей АвтоВАЗа. На его огромной территории выставлено множество образцов, главным образом, военной техники. Гигантских размеров чёрная подводная лодка, словно кит, выброшенный в шторм на сушу, встала на вечный прикол у дальней ограды. В отдельном ангаре – автомобильная экспозиция завода, выпускаемые модели и концепт-кары. А неподалёку видны сами корпуса АвтоВАЗа. Но времени уже нет, и я спешу на причал, от которого три раза в день стартует паром до Усолья.

Я покупаю билет. На борт по громыхающему трапу громоздятся автомобили. Специальный человек компактно расставляет их на палубе. Пробую спуститься в трюм – но там темно и душно, хотя есть лавочки. Решаю разместиться на открытом воздухе, примостившись на чугунную тумбу. Отплываем. Слева, возвышаясь над поверхностью воды лишь плечами и затылком, плавает чей-то труп. Вот почему на причале задумчиво покуривает несколько милиционеров…

Почти два часа мы бороздим зеркало водохранилища, всё ближе и ближе Жигулёвские горы, являющиеся, на самом деле, очень высокими, поросшими лесом холмами. Где-то здесь прятался от властей бунтарь-бандит Степан Разин.

А посёлок Волжский Утёс не так давно принимал саммит Большой Восьмёрки – действительно, виды, открывающиеся с балконов и беседок местного пансионата, потрясают воображение.

Паром причаливает к берегу, прибывших встречают местные «таксисты». Прикинув, что до Светёлки пешком засветло мне точно не дойти, договариваюсь с одним из них. Он привозит меня к подножию и оставляет номер мобильника – чтобы я, когда спущусь назад, мог позвонить и вызвать машину. По достаточно крутой каменистой дороге, продирающейся через лес, я карабкаюсь наверх. На полпути деревья заканчиваются, начинается поросший душистыми травами открытый склон. На вершине горы – базовые станции аж сразу трёх сотовых операторов, трансформаторы, две ЛЭП и ещё какие-то инженерно-электрические сооружения. Не удивительно, что российские эзотерики считают эту гору «местом Силы»… При такой плотности электромагнитного поля…

По легенде, Екатерина Великая как-то сказала своему фавориту, графу Орлову: «Выбери в этом районе самую высокую гору, и все земли, какие ты сможешь увидеть с вершины этой горы, я пожалую тебе.» Граф заставил местных крестьян носить камни на одну из местных гор, чтобы сделать её ещё выше. Позже на макушке этого природно-антропогенного сооружения поставили беседку – светёлку. Отсюда и пошло название горы. Сейчас от беседки остались лишь нижние камни основания, зато рядом пестрит тысячами ленточек берёза – локальное «дерево желаний». Я тоже, не пожалев носовой платок, оторвал полоску ткани и привязал её к ветке. И желание загадал.

Вид на приволжские просторы со Светёлки открывается великолепный. С одной стороны свинцово-синяя бескрайность воды с виднеющимся где-то на горизонте Тольятти, с другой – плодородная равнина, кое-где перерезаемая речушками, озерцами и лесополосами. Я курю, присев прямо в траву, на верхнюю грань склона, и ощущение своей мизерности по сравнению с этой красотой слезами капает на лепестки полевого цветка. Ещё несколько фотографий – и я начинаю спуск.

Знакомый водитель привозит меня в село Усолье, к останкам усадьбы того самого графа Эрлова. Уцелевшие здания находятся в удручающем состоянии. После Питера странно видеть вот так вот униженный исторический артефакт. Лишь два громадных дуба перед главным крыльцом, наверняка помнящие самого Орлова, несмотря ни на что жизнерадостно шелестят величавыми кронами.

Я сажусь передохнуть на бревно в конце графского парка, рядом со строящимся церковным новоделом. Осматриваю деревенскую улицу, на которой, по словам таксиста, каждый второй дом куплен иногородними, приезжающими сюда отдыхать летом. Попытка попасть в местный музей (а ведь Усолье славилось в далёком прошлом своими соляными ярмарками) не увенчивается успехом. Под начавшимся дождём дожидаюсь обратного парома.

***

Предпоследние сутки я посвящаю серьёзной дегустации всё-таки найденных местных сортов пива под вяленую рыбу. Конечно, на Тольяттинском рынке не увидишь такого разнообразия речной фауны, как у вокзала в Самаре. Но все же сушёного осетра мне удалось приобрести. Он неплохо пошёл (вместе с воблой) в гостиничном номере под пять разновидовых бутылок самарского пива.

Когда жена вернулась с курсов, мы на такси едем на «Итальянский» пляж. Сосновый бор там почти вплотную спускается к воде. А на Волге – яхточки и псевдоисторические ладьи, да красотища Жигулёвских гор на противоположном берегу. Из-за своей «водохранилищной» ширины течение здесь спокойное. Я решаюсь не упускать момент и, несмотря на не слишком жаркую погоду, с наслаждением ныряю в волжскую гладь.

***

Прощальный вечер мы проводим в небольшом симпатичном кафе. Всё очень вкусно и вежливо. На следующий день самолет уносит нас в Москву, но задерживается с посадкой. Вместо комфортабельного экспресса мы успеваем только на обычную пригородную электричку, на которой четыре часа трясемся до Рязани, со счастливыми улыбками вспоминая свои невско-волжские приключения.

2008г.

# Мой любимый Ейск.

Предчувствие этого милого и уютного города нарастает как цунами задолго до долгожданного прибытия в Ейск. Еще когда садишься в поздний поезд, восторг из маленького огонька в том уголке души, что зовется надеждой, превращается в бушующее пламя. Железнодорожным утром, которое проносится мимо окна купе все более и более южнеющим пейзажем, ты гремишь ложкой в патриархальном железнодорожном стакане и с нетерпением проживаешь последние часы перед встречей с приморским городом.

Концентрированный воздух кубанской ночи обволакивает тебя, стоит только сойти с подножки поезда. Машина мчится сквозь темноту, и все ближе то место, о котором ты мечтал такой долгий год. Маленький городок с тихими улочками и сохранившимися домами 19 века. Казалось – кругом степи да соленая вода, а весь город в зелени деревьев, и уже не так страшен полуденный солнечный артобстрел. На каждой второй клумбе – розы, которые никто не вырывает с корнем, напротив, поливают такой драгоценной в этих краях пресной водой. И всюду кошки – несметное количество знаменитых ейских кошек, поджарых, короткошерстных, важных и серьезных. Кажется, здесь их

уважают и побаиваются как люди, так и собаки.

Незаметно пролетает первая ночь. Нет-нет, нужно подождать, потерпеть немного, выносить до конца ожидание первого после разлуки свидания с морем. Ты бежишь на местный рынок и, не считая кошелёчный тлен, скупаешь сочную черешню, вкуснейшие масло и творог, тающего во рту копченого пеленгаса, потрясающий воздушный ейский хлеб, живое (чуть с горчинкой – не отличишь от пражского) ейское пиво. Пусть все в завтрак не съесть, но хотя бы понюхать.

Теперь можно – только обязательно пешком – пойти к морю, через кварталы частных домиков, спрятанных в густых кронах фруктовой флоры, через заброшенный сад с грецким орешником, на набережную «Каменка». Вот он, Таганрогский залив, с привычными сухогрузами на рейде. Пусть здесь мелко, и камни норовят выскользнуть из под ног – все равно ты кидаешься в эту теплую, чуть мутноватую от целебного ила, воду и предаешься долгожданному наслаждению. После первого купания – тоже традиция – идешь в кафе, внешне напоминающее казачью усадьбу. Оно так и называется – «Казачий курень». И после тарелки густого кубанского борща, закусив терпкое местное вино жареными с чесночком баклажанами и отварным судачком,

понимаешь, что не зря ждал этого момента унылой слякотной осенью, ледяной мертвящей зимой, измаявшейся в офисной бессмысленной суете весной.

Ты едешь в центр, где недавно отремонтировали пешеходные улочки вокруг рынка, где в глазах пестрит от радуги роз на клумбах, и бьет фонтан с фигурами граций. Пересаживаешься на другую маршрутку и через десять минут уже на центральном пляже. Повезло: ветер дует со стороны Таганрогского залива, и по зеленоватой поверхности воды несутся волны. Ты бросаешься в них, словно маленький, отфыркиваясь от попадающей в нос и рот пены, скользишь вдоль и поперек, ныряешь, а потом сильными гребками прорываешься дальше, к самым буйкам. И это ни с чем не сравнимое ощущение единения с морем на время смывает соленой водой тоскливые мысли о бессмысленности твоей скучной жизни.

Выйдя на берег, бросаешься на раскаленный ракушечник и блаженно

закрываешь глаза, отдавая свое бледно-северное туловище на растерзание природному солярию.

Ближе к вечеру приходишь в парк Поддубного, где чудом уцелели под ветрами перемен те самые аттракционы, на которых ты катался в детстве и юности. И как в те счастливые годы, захватывает дух, и тебя переполняет необъяснимая, неконтролируемая радость, когда под ногами пролетает земля, и ты, уже, кажется, можешь рукой дотронуться до верхушек деревьев. И еще больше радости от того, что удалось поделиться этим кусочком прошлого счастья со своими детьми, которые сидят рядом с тобой на карусели и также восхищенно протягивают свои ручки к пролетающей мимо густой южной

листве.

Кажется, что впереди еще много времени – целые две недели ласкающего тело моря, возносящих до облаков крылатых качелей, вкуснейшей кубанской пищи и добрых простых лиц ейчан. Но тикающий палач неумолим, и ты не замечаешь, как оказываешься в купе обратного поезда, ругаешься матом на приближающиеся среднерусские березки и роняешь неизвестно откуда взявшуюся в глазах морскую воду на газету с объедками пеленгаса. И только вера в то, что ты еще обязательно вернешься в Ейск позволяет тебе продолжить жить без сердца – ведь оно осталось там, где залив соединяется с лиманом…

2009г.

# Каталонские записки.

Сколько раз я представлял себе этот момент, но эмоции все равно хлещут через край, едва мы проходим паспортный контроль. Уже на подлете я увидел Барселону с высоты.. И горы. И море.

Трансфер-гид Айгуль встречает прилетевших в вестибюле за таможней. Показывает остановку, куда должен подъехать автобус. А мы смотрим на огромные пальмы, устремленные в чуть прикрытое облачной дымкой голубое средиземноморское небо.

\*\*\*

Официально наш отель Reymar считается расположенным в курортном городке Мальграт де Мар (Malgrat de Mar), однако, фактически – на его границе с соседней Санта Сусанной (Santa Susanna). Ехать около часа, за это время нам удалось посмотреть южный склон – весьма крутой – знаменитого барселонского холма Монтжуик (Montjuic), с расположенными на нем в виде террас католическими кладбищами, непривычными для россиянина. Могилы тут – многоярусные минисклепы, построенные из камня. Гроб укладывается в нишу и, словно дверцей, закрывается гранитной пластиной с памятной надписью. И все потому, что копать могилу в толще горной породы очень сложно.

После Барселоны идеально ровная дорога то приближается к морю, то отдаляется от него, прижимаясь к горам. Вдоль всего побережья множество городков и поселков, кое-где домики покрыты старинной красно-коричневой черепицей. И буйство флоры.

*О, Испания, Испания! Страна, ни разу не воевавшая с Россией. Страна моря и гор. Страна пальм и кактусов. Родина людей, близких нам по духу, но говорящих на другом языке.*

Когда мы приехали в отель, было уже темно. Я впервые применил те базовые знания испанского, которые запихивал в себя последние полгода. В результате, в руках у меня были карточка питания, ключ от номера и ключ вместе с личинкой замка от сейфа в номере. Меня пытались вначале уговорить пользоваться бесплатным сейфом на ресепшене, но этот вариант нас не устраивал. Сейфом мы пользовались (как и планировалось) очень активно, хранили там нетбук, оригиналы документов (копии нам сделали следующим утром в офисе отеля, 1.5 евро за 6 копий – по две копии с загранпаспортов и страховки), деньги, флешку и, периодически, фототехнику с телефонами. В номер, поразивший своими скромными габаритами (зато с раздвижной стеклянной дверью на балкон во всю стену, видно улицу, пальмы и море), мы быстро забросили багаж и поспешили на ужин. Шведский стол был разнообразен и вкусен. Напитки, естественно, за дополнительную плату. Запредельно объевшись, мы с Дашей пошли разбирать сумки и готовиться ко сну. Но перед этим я попросил в баре отеля налить мне настоящего испанского пива. Кружку наполнили разливным Сан-Мигелем (2.70 евро за 0.5л) – действительно, очень вкусным пивом. Правда, его же вкус в бутылочном варианте был, как выяснилось позже, похуже.

Звукоизоляция в отеле оказалась слабой. Даша после перелетов-переездов спала как убитая, а я постоянно просыпался: то кто-нибудь смоет унитаз, то электричка проедет, а под утро в коридоре кто-то начал истошно кашлять. При этом в номере было тепло, так как работала климатическая система с подогревом. Когда вышли на завтрак, обнаружили огромную международную очередь. Решили подойти позднее, но народу все равно было много. В результате, мы молча подсели за столик к пожилому бюргеру. Через пять минут, уж не знаю почему, не доев свой хлеб с джемом и колбасу, немец сбежал как из-под Сталинграда.

После завтрака мы вышли к морю. Мощными, но не очень высокими волнами оно слизывало песок с пляжа. Вода чистая, голубая. На горизонте - гигантские белоснежные лайнеры. Народу было немного. Мы подошли ближе к воде. Очередная волна оказалась сильнее, я успел отскочить, а вот Дашу море схватило за кроссовки. Погуляли по приморскому бульвару. Здесь всюду пальмы, акации и сосны с иголками еще длиннее, чем в Ейске, а так же много других диковинных растений. Прямо на улице растут дальние родственники привычного в России комнатного «щучьего хвоста». В одном из магазинов купили первые сувениры, тапочки для Даши (в гостинице их не оказалось, как и шампуня с гелем для душа) и футболку. В другом месте настырные индусы, которые здесь во множестве держат торговлю, "втюхали" нам полотенце ФК Барселона по цене в полтора раза ниже, чем в фирменном магазине. У отельного гида, который встретился с нами перед обедом, купили билеты на футбол вместе с трансфером на автобусе.

В обеденное время пошли пешком в Санта-Сусанну. Она оказалась вполне провинциальной деревенькой: тесные улочки, кактусы на подоконниках, все спят. Старые дома перемешаны с крутыми коттеджами. Было около 16.00, еще шла сиеста – реалия современной испанской жизни. Поесть там нам не удалось, в единственном обнаруженном кафе время комплексных обедов уже закончилось, а в меню были только картинки с высокими ценами. Поскольку я был готов ориентироваться по испанским названиям блюд, а не по внешнему виду (у меня даже был список того, что надо попробовать), мы пошли искать другой общепит. В итоге мы посетили местный гипермаркет сети Carefour, где купили соков, воды, пива, игристого вина «Кава» ("Cava"), мясных деликатесов на 9 евро. Вообще цены здесь примерно такие же, как и в России, только в евро по курсу. При гипермаркете было нормальное кафе, где мы с восторгом отведали настоящую испанскую еду: ботифарру (botifarra, жареная колбаса) с фасолью и ассорти из хамона (jamon), ломо (lomo), сыра (queso) и называемого в Испании «русским салатом» Оливье (ensalada rusa).

Ближе к вечеру вновь пошли на море. Несмотря на то, что температура воды была около 20 градусов, я дважды искупался. Вода была бодрящая, но терпимо. Глубина начинается в метре от берега, мощные волны, соленость такая, что можно без проблем лежать на спине. Купались, как ни странно, не только русские, но и испанцы. А когда я выходил из воды, какой-то мужик спросил меня по-русски «Как водичка?». И в последующие дни в самых разных местах соотечественники попадались нам регулярно. Вечером встретились в номере с моим другом, который уже заканчивал свой отдых на Коста Маресме. Делясь впечатлениями, продегустировали знаменитое испанское игристое вино «Кава» и местный портвейн. М-м-м…

*** 

Почти под окнами отеля – местная пригородная железнодорожная линия в виде одного пути (поезда разъезжаются на станциях). По ней раз в полчаса «летают» электрички. Билет до Барселоны и обратно стоит 7.30 евро. Касса расположена в забавных остатках одной из фортификационных башен. Их в Санта-Сусанне несколько, в свое время они служили для защиты поселения от пиратов. В кассе можно попросить бесплатное расписание. На платформе, которая в Санта-Сусанне не оборудована турникетом, билет нужно активировать (вставить в щель специального аппарата). Для открытия дверей в электричке и в метро (как на вход, так и на выход) надо нажать зеленую кнопку на двери поезда (или, на некоторых линиях метро, повернуть черную рукоятку).

В вагоне нам пару раз попадалась халява в виде местной газеты Lavanguardia. Я привез экземпляры домой, пригодятся для дальнейшего изучения языка.

Ехать от Санта-Сусанны до Барселоны 1 час 15 минут. Занятие это довольно нудное, но в первые дни можно рассматривать в окно живописные пейзажи – дорога местами почти вплотную подходит к морю, а с другой стороны милые испанские городки.

Но сидение в электропоезде окупается сторицей, когда выныриваешь из подземелья (электрички двигаются в самой Барсе под землей и на нескольких станциях стыкуются с линиями метро) на легендарной Площади Каталонии (Placa de Catalunya). Плиточное солнце, фонтан, туча голубей, громады Испанского кредитного банка и Корте Инглес (Corte Ingles) – все это обрушилось на нас лавиной образов из сбывшихся мечтаний. Я почти плакал от счастья.

Мы зашли сначала в Туристический офис, который находится под площадью (вход напротив Корте Инглес). Народу было много, но я набрал некоторое количество бесплатной литературы, в том числе оригинальной формы буклет Bulevard Rosa с разноцветными тематическими картами (шоппинг, основные достопримечательности, достопримечательности, которых нет в стандартных путеводителях, общепит и т.д.) и карту города с нанесенным маршрутом туристического автобуса Bus Turistic. Билет на этот автобус мы купили у индуса с переносной кассой, уже встав в длинную очередь на посадку. Я протянул парню две купюры по 50 евро за два двухдневных билета (по 28 евро, такой билет позволяет ездить два дня по всем трем маршрутам автобуса, выходить на любой остановке, садиться снова, пересаживаться на другую линию). На что он иронично заметил: «Very clever! Very clever!», типа, и билет купили, и крупные купюры с утра разменяли.

При посадке на автобус нам выдали наушники цвета морской волны и буклет с купонами на скидку. Эти купоны реально позволяют сэкономить от 5 до 50% от цены билета в основных достопримечательностях города. Подниматься на верхнюю «палубу» надо по передней лестнице, спускаться – по задней (это ж Европа, порядок!). Сразу скажу, что с первого этажа практически ничего не видно, так что стоит дожидаться свободных мест наверху (хотя в середине дня на промежуточных остановках это малореально). Усевшись, мы подключили наши наушники к разъемам «В» на панельках аудиогида и выбрали канал №8 – экскурсия на русском языке. Маршрут нашего первого дня – синий, охватывающий центральную и северную часть Барселоны. Проспект Грасии (Passage de Gracia) сразу же окунул нас в очередной поток материализовавшихся снов. Эклектичный, но при этом очень цельный, район Эшампле (Exiample) до сих пор полон ритмами модернизма. Фонари с каменными скамьями в основании, чуть пожухшие уже платаны и меткие выстрелы Гауди (ударение на последнем слоге) в мое сердце. Не берусь описывать свой восторг ни от драконистого Дома Бальо (Casa Batlo), ни от застывшего моря Дома Мила (Casa Mila).

Первый свой выход из автобуса мы совершили у Собора Святого Семейства (Sagrada Familia). Действительно, благо- и великолепное сооружение. В его районе я опробовал чудо каталонской коммунальной техники – сортир-автомат. Кидаешь монетки (30 евроцентов) – и полукруглая дверь впускает страждущего в хайтечное чрево туалета. Только не стоит совать крупные монеты – с 50 евроцентов аппарат не только не дал сдачи, но и не сработал вообще, не вернув денежку. Кстати, начет туалетов Барселоны. Мы обходились музейными (местами они платные), общепитовскими (правда, таких тесных и запущенных сортиров в кафешках на родине я уже давно не видел) и бесплатным туалетом в метро на Площади Каталонии.

Потом был фантастический Парк Гуэль (Park Guell), до которого, не зная про эскалаторы, мы ползли вверх по крутой улочке-лесенке. Впечатления портил бесконечный турпоток на главной лестнице, да и к знаменитой лавочке приложить свои чресла мы смогли с трудом. Оставив Дарью на камушке у зарослей диких кактусов (она уже вовсю ныла и жаловалась на уставшие ноги), я поднялся на Голгофу. Неровные столетние ступени позволили забраться к трем крестам без проблем. А вот на обратном пути вниз я сгенерировал изрядно адреналина.

После Парка мы зашли в кафешку. В зале посетителей обслуживали, как мне показалось, отец и сын. А на кухне, видимо, командовала мать семейства. В рамках Menu del dia (комплексного обеда) мы заказали овощной крем-суп (sopa de verdures), косидо (cocido), ломо и тунца (atun), вместо которого нам дали что-то похожее на жареную мойву. Но в целом было вкусно и недорого. Поправив запас жизненных сил, мы продолжили поездку на Bus Turistic. Следующим номером нашей программы был Камп Ноу (Camp Nou), где восторженная Даша изучала кубки, бутсы, майки любимого футбольного клуба «Барселона». Кроме амуниции игроков и призов, в музее много интерактивных панелей, а еще мы посетили трибуну, комментаторскую кабинку, пресс-комнату и раздевалку.

*Барселона - это кайф, зеленый, живой, красивый, интересный город. Поскольку есть на Земле такие места, «жизнь стоит того, чтобы жить» (с).*

В отеле нас, уставших, ждала награда – по четвергам в Reymar каталонский ужин: дыня с хамоном (melon con jamon), морсилья, каталанский крем (crema catalana), множество видов мяса, морепродукты, рыба и многое другое.

На третий день тура мы вновь доехали до Барселоны на электричке. Нас ждал красный маршрут Bus Turistic. Он охватывает, помимо центра, южную и юго-западную части города. На широком проспекте Диагональ – недавно запущенная трамвайная линия. Низкопольные современные вагончики деловито бегают по скрытым в траве рельсам. Кажется, что они просто скользят по газону. Мы проезжаем главный вокзал Барселоны Estacio de Sants, расположенный рядом с ним Индустриальный парк с футуристическими колоннами-светильниками, парк каталонского авангардиста Хоана Миро (прямо на тротуаре – одна из его скульптур «Женщина и птица», правда, мне показалось, что это «Кегля и цилиндр»). Минуем площадь Испании с (увы!) закрытым на ремонт светомузыкальным танцующим фонтаном и еще один центр современного искусства, Caixa Forum, перед входом в который посетителей встречает монументальный слон-акробат, стоящий на одном хоботе.

Первая остановка на холме Монтжуик - в Испанской деревне (Poble Espanol), где собраны архитектурные копии из всех уголков Испании. Новоделы за сто лет уже сами стали артефактами. За пять минут пройти из Толедо в Валенсию – симпатичный аттракцион. Мы прогулялись по мощеным кривым улочкам. Зашли в лавочку, торгующую сангрией и турроном.

Темнокожая продавщица, в числе других языков немного говорящая по-русски, дала мне продегустировать знаменитый испанский коктейль (правда, в его бутылочном варианте). Сангрию мы не купили, но купили шоколадный туррон, который по вкусу немного похож на бабаевские шоколадные батончики, но гораздо нежнее. А еще в Испанской деревне я увидел прямо на улице растущее и плодоносящее мандариновое дерево.

Восторг продолжился в Ботаническом саду (Jardin de botanic), где на невзрачном кустарнике алели местами поклеванные птицами спелые гранаты. На территории в несколько гектаров здесь уживаются представители флоры стран со средиземноморским климатом. Пальмы, кактусы, дубы (совсем непохожие на российские), диковинные травы и цветы. Короче, «а в городе том сад»... Правда, чтобы попасть в этот сад, нам пришлось изрядно побродить в районе Олимпийского комплекса и купить, в итоге, карту Монтжуика в специальном информационном киоске у центрального входа в Анелья Олимпик. Пока мы попутно осматривали спортивные сооружения, к нам обратилась молодая англоговорящая пара с просьбой подсказать дорогу к другому саду (их на холме несколько). Чувствовалось, что нас приняли за аборигенов… Пришлось разочаровать ребят, сообщив им, что мы тоже туристы. Это было первый, но не последний раз, когда нас, видимо, посчитали за испанцев. Пожилые дамы узнавали расположение достопримечательностей («Сеньор, вы говорите по-английски?»), немецкие пенсионеры в гипермаркете – различие между двумя видами консервированной фабады (fabada, такой фасолевый суп с копченостями), а один американец в Мальграте допытывался, где же улица с магазинами.

После осмотра Ботанического сада мы завершили «красный» маршрут на Bus Turistic, побывав в Международном торговом центре, Старом Порту (Port Vell), Олимпийской деревне и микрорайоне Vella. По пути нам вновь и вновь встречались произведения современного искусства, отчасти благодаря которым Барселона сохраняет свою ландшафтную бодрость и живость. Вот огромная лангустина забралась на крышу остановки общественного транспорта. А концептуальный бульвар в Олимпийской деревне – не просто пульс вечной молодости, но и пример экологичной технологии: змеящийся навес над тротуаром сделан из шпал и рельсов старой железнодорожной ветки, которую спрятали под землю.

Забота об окружающей среде в Барселоне чувствуется во всем. Организован раздельный сбор мусора. Созданы условия для велосипедистов: специальные дорожки и светофоры, публичный прокат, на множестве автоматических парковок которого горожане могут брать велосипед, доезжать до нужного места и сдавать транспорт на аналогичной парковке. При этом городская среда организована с максимальным удобством для жителей и гостей. Продуманы даже мелочи, вроде специальных коробочек на урнах для тушения скурков, фонтанчиков с питьевой водой, повсеместных лавочек, бесплатных лифтов в метро и в местах с крутым подъемом к достопримечательностям и т.п. Кстати, рельеф Барселоны непростой, город как бы карабкается от моря по склонам гор. Поэтому многие маршруты, казавшиеся на карте элементарными для пешей прогулки, оказываются на деле серьезным спортивным испытанием.

Надо было спешить в гостиницу, чтобы успеть на трансферный автобус до Камп Ноу. Так что времени на обед в нормальной испанской кафешке не осталось. Пришлось (о, позор!) зайти в KFC (у нас эта сеть называется «Ростик'с») и взять там что-то типа буритос. Дневная электричка до Санта Сусанны оказалась гораздо свободней (в первый день мне пришлось стоять почти всю дорогу). Полчаса отдыха в номере – и мы едем на матч. Когда автобус тронулся, обнаружилось, что Даша забыла «барсовский» шарфик, поэтому на стадионе пришлось купить ей дуделку. За два часа до игры народ уже толпился вокруг стадиона. Вскоре зрителей начали запускать внутрь. Проверка билетов, потом – экспресс-досмотр. Приветливый распорядитель на трибуне предложил нам сесть вместе (а ведь билеты нам почему-то дали на разные места в разных рядах – метрах в трех друг от друга). Мы находились за воротами в секторе "Гол", на 6 ряду, и постепенно, по мере приближения заветного свистка, все вокруг заполнялось фанатами «Барсы». Команды вышли на разминку, к нам иногда залетал мячик, один раз я даже отбил его. В назначенное время стадион взревел, футболисты поприветствовали друг друга и … началось. Я не большой любитель футбола, но здесь, на Камп Ноу, уже через минут 20 после начала матча я орал "Барса, Барса" и "Давай-Давай!" (Дарья пихала меня, чтоб я не кричал по-русски). Барса победила 2-1, решающий гол забил Пуйоль. Удивительно, семидесятитысячная толпа

88

болельщиков (стадион был полон) пусть плотным потоком, но всего за полчаса разъехалась по домам – власти перекрыли прилегающие улицы до метро (в двух направлениях) и стоянки туристических автобусов (в третьем направлении).

*Этот матч был для меня моментом эмоциональной истины нашей поездки наряду, скажем, с посещением не слишком "туристических" кафешек и случаем в электричке, когда сначала два каталонца громко разговаривали друг с другом, находясь практически в противоположных частях вагона, а потом к беседе подключились некоторые другие пассажиры.*

Следующим утром мы отправились на гору Тибидабо (Tibidabo), куда нас довезли легендарный Голубой трамвайчик (Tramvia Blau) образца начала прошлого века (деревянный, с тремя органами управления: огромным маховиком стояночного тормоза, массивным латунным реостатом и педалью звонка) и фуникулер. На самой горе посмотрели впечатляющий Храм Святого Сердца с фигурой Христа на самом верху. Потом покатались на раритетных аттракционах: Талайе (1921 год запуска, две люльки на концах огромной фермы, вращающейся вокруг своей середины, позволяют увидеть Барселону с высоты 550 метров, если учитывать высоту горы) и Красном самолетике (1928 год, копия реального самолета того времени, подвешенная на стреле и движущаяся по кругу за счет вращения собственного пропеллера).

Очередным пунктом нашей программы был музей науки (Museo de siencia CosmoCaxia, отдельная остановка Голубого трамвайчика – «по требованию»). Основной зал этого потрясающего храма знаний заполнен сотней стендов, на которых в интерактивном режиме посетители могут воспроизводить опыты по основным разделам физики. Есть там и маятник Фуко, и различные оптические аттракционы. Все очень занимательно и познавательно. Особое место занимает реконструкция затопленной сельвы реки Амазонки, с живыми птицами, рыбами

и даже капибарой (диким родственником морской свинки), которая, правда, сладко спала в момент нашего посещения. В павильоне поддерживается очень жаркий и влажный микроклимат, растут настоящие южноамериканские деревья.

После музея мы поехали на знаменитую Рамблу (Rambla), по которой, памятуя о ее расписанной в красках в Интернете криминогенности, шли, крепко прижимая к себе сумки. Плотность толпы в этом месте Барселоны достигает экстремума. Но все это не помешало нам насладиться цветочными и «птичьими» рядами, окружающей архитектурой и живыми статуями. Люди в разнообразных нарядах и гриме замирали в статичных позах, изображая как известных персонажей, так и забавные оригинальные сюжеты типа повара с головой, отдельно стоящей на блюде. Когда кто-то из туристов бросал монетку в жестяную банку, «статуи» оживали. Например, «женщина-кошка» погладила толстого немецкого бюргера и понарошку высекла его кнутом. В самом начале легендарной улицы мы воспользовались старинным краником-фонтанчиком: говорят, если попить из него, то обязательно вернешься в Барселону.

Общепит на Рамбле оказался дорогим и невкусным. В одном из заведений нам подали кислющий гаспачо (gazpacho), смешанный салат (ensalada mixta: рис, консервированный тунец, яйцо, помидоры, спаржа и т.д.), жесткое мясо и «черный рис» - паэлью с чернилами каракатицы (arroz negro). Последним блюдом я капитально перемазался, хорошо, что с собой были влажные салфетки. Вкус не впечатлил. Приятным оказалось лишь вино в бутылочке 300мл за 11 евро, что весьма дорого. Отобедав, мы посмотрели снаружи Дворец Гуэль (Palau Guell, еще один шедевр Гауди, внутри он, правда, был закрыт на реставрацию) и направились в Готический квартал (Barri Gotic). Узкие серые улочки сразу же погрузили нас в атмосферу средневековья. А ведь здесь продолжают жить обычные горожане!

Массивные церкви, кафедральный собор, остатки римских оборонительных сооружений – дух захватывает от концентрации Истории в этом месте. В какой-то момент мы поняли, что не знаем, куда идти. Выручил пожилой испанец, рассказавший, как выйти на Площадь короля (Placa del Rei). Дальше мы направились на Монткаду в надежде попасть в музей Пикассо (Museo Picasso) на халяву – по воскресеньям с 15.00 вход свободный. Но любителей бесплатного сыра оказалось очень много, и мы не стали стоять в огромной очереди. Было очень обидно, но чуть позже судьба все же дала мне шанс посмотреть оригиналы творений великого художника.

В оставшееся время мы посетили парк Сьютаделья (Parc de la Ciutadella), где порадовались скульптуре слона в натуральную величину, кричащим зеленым попугаям на пальме и роскошному фонтану. Повсюду гуляли жители Барселоны, семьями, с детьми, с колясками. На газонах отдыхала местная молодежь. Прошли под Триумфальной аркой (Arc de Triomf) по дороге на одноименную станцию метро, где тоже можно сесть на пригородную электричку.

Вечерняя Санта Сусанна, как обычно, встретила нас гирляндами торговых лотков на главной аллее, индусами, продающими за два евро сверкающие разными цветами игрушки-вертолетики, стайками веселящегося молодняка и ощущением курортного уюта, похожим на то чувство, которое я испытывал в вечернем Ейске. После ужина – традиционная интернет-сессия в холле отеля (бесплатный WiFi – только там) с отправкой письма оставшейся в России части семьи под звуки так называемых «живых» исполнителей эклектичных музыкальных коктейлей.

***

Четвертый выезд в Барселоны был запланирован как последний. Первым делом на севере города мы разыскали Парк Лабиринт (Parc del Laberint d'Horta). Выполненный в сходных с околопитерскими королевскими резиденциями традициях, но гораздо скромнее, этот ухоженный оазис с античными статуями, беседками, лесенками, фонтанчиками и прудиком с рыбками примечателен настоящим лабиринтом из кустарника. Не примитивным, как, например, в Павловске, а вполне серьезно устроенным, со множеством тупиковых направлений. С азартом и любопытством мы поблуждали в его дебрях, но в итоге благополучно выбрались наружу.

Наша пешеходная прогулка в этот день стартовала от очередного творения Гауди – Дома Висенс (Casa Vicens). Причудливое сооружение с балкончиками мы осмотрели только снаружи. А в Дом Мила зашли, простояв большую очередь. Но это стоило того. Знаменитая крыша с трубами-рыцарями, вид на внутренний дворик, интерьеры зажиточного горожанина начала 20 века в самом здании. Затем был взгляд с улицы на чешуйчатый Дом Бальо и на Дом Кальвет (Casa Calvet), кажущийся невзрачным, но с оригинальными балкончиками.

По дороге, на одном из перекрестков мы наткнулись на лоток с жареными каштанами. Да, честно говоря, не ожидал я в Барселоне встретить такой деликатес с приятным вкусом, немного напоминающим ореховый. А отобедали на этот раз в тапас-баре. Я погорячился и помимо тапас-меню (а это 8 видов закусок: свежие нежные мидии, кальмары в кляре, крокеты из хамона и трески и т.д.) заказал парийяду (parillada)– ассорти из приготовленных на гриле различных видов мяса. Ко всему этому изобилии нам подали настоящую обалденную сангрию (sangria), в литровом кувшине со льдом и свежими фруктами. В итоге, кальмары у нас остались, я даже извинился перед персоналом тапас-бара, мол, все очень вкусно, но больше не лезет. Они понимающе улыбнулись – видимо, я далеко не первый турист-троглодит…

День завершился визитом в барселонский Аквариум (L'Aquarium). Экспозиция начинается с двух десятков небольших застекленных ниш-водоемов с тропическими яркими рыбками, осьминогами, чудными морскими коньками и прочими обитателями моря. Но самое главное – огромный центральный аквариум, через который проходит прозрачный туннель. По туннелю тебя везет движущаяся дорожка. А прямо перед носом и над головой проплывают огромные акулы, мурены, скаты и крупные важные рыбы.

***

Утро следующего дня принесло новость – авиакомпания не набрала минимально рентабельного количества туристов для нашего обратного вылета, в связи с чем нам перенесли вылет на три дня позже и оплатили дополнительные ночи в отеле. Моей первоначальной реакцией было возмущение – ведь рассыпались все планы и бюджеты. Я писал электронки в московский офис туроператора, звонил отельному гиду, но вскоре остыл и здраво рассудил, что лишние три дня в этой прекрасной стране – потрясающий подарок. Мы сходили в гипермаркет. Пообедали в эклектичном китайском ресторанчике со шведским столом, на котором соседствовали испанские, японские и собственно китайские кушанья: флан (flan) и суши, хамон и лапша, и т.п. Тут можно набрать сырых продуктов (моллюски, мясо, рыба, овощи), и колоритный повар тут же приготовит их на огромной сковороде или раскаленных металлических листах.

Накануне я неосмотрительно потер грязными руками свои глаза и у меня началось какое-то подобие конъюктивита. Как назло, именно глазные капли мы в дорожную аптечку не положили. Пришлось заглянуть в местные аптеки.

Чистого альбуцида у них не оказалось, зато я приобрел местный комплексный препарат, сочетающий в себе три наиболее распространенных лекарства от конъюктивита. Через два дня болезнь прошла.

Наконец-то мы дошли до городка Мальграт Де Мар, к которому официально относится наш отель. Он нам очень понравился, в отличии от Санта-Сусанны. Это настоящее средневековое поселение, местами на домах специально вскрыта штукатурка для демонстрации древних каменных стен. В центре – характерная церковь с башней и часами. Узенькие улочки, стулья перед домами, в которых предаются сиесте пожилые испанцы. А с помощью специального бесплатного лифта можно подняться в местный парк-дендрарий, в котором отдыхают и жители Мальграта, и туристы. Парк расположен на склоне горы, поэтому из него открывается чарующий вид на море и сотни черепичных крыш. Тут же мы увидели дерево, чьи цветы мы называем мимозой. Бутончики-бусинки на ветках со знакомыми листочками уже набухали, видимо, скоро - цветение.

*Вечером мы вышли к морю посидеть на прибрежных камнях. Я дышал средиземным воздушным эликсиром и, кажется, чувствовал счастье.*

\*\*\*

Первые два внеплановых испанских дня мы продолжили любоваться Барселоной. Второй раз съездили в Парк Гуэль. На этот раз без спешки обошли его весь, посидели на лавочках, полюбовались гением Гауди. После парка неспешно прошлись вниз по барселонским улицам до больницы Святого Павла. В поисках кафешки с настоящей каталонской пищей дошли до Саграда Фамилия. Долгие блуждания были вознаграждены - впервые за 5 дней в самой Барселоне мы нашли аутентичное местечко – ресторанчик Vera Cruz (Calle Mallorca,321), где подают эскуделью (escudella). Эскуделья - это вермишель, картошка, фасоль, бобы, несколько видов мяса, овощи. Короче, очень густой и наваристый суп. Вкусно и сытно. Кроме того, взяли рыбу, салат из риса с тунцом и аппетитнейшую запеканку из баклажанов с мясом, сыром и помидорами. И вновь мы были потрясены ценами - 15 евро на двоих. После обеда, пока я отдыхал на старинной лавочке, Даша покормила хлебом местных

98

городских попугаев, которые строят свои гнезда в кронах высоких барселонских пальм.

Мы вновь отправились на Монтжуик, но сад Коста и Льобера (Jardin Costa i Llovera) с уникальной коллекцией кактусов оказался закрыт из-за окончания тур сезона. Пришлось издалека полюбоваться колючими гигантами. Обратный путь с холма мы проделали по канатной дороге Трансбордадор Аэри (Transbordador Aeri). Застекленная кабинка на приличной высоте скользит на тросе над морем и Старым Портом. Я читал про туристов, которые выходят из этого транспорта-аттракциона бледными и на дрожащих ногах. В реальности

адреналиновая доза была умеренной, скорее, дух захватывало от красоты городского ландшафта.

Музей Пикассо был основным пунктом следующего дня. Ранние работы художника, кое-что из голубого и розового периода, целый зал разных вариантов «Фрейлин» - погружение в творческие миры знаменитого барселонца, женатого на русской балерине, оказалось потрясающим. А в зале временных экспозиций проходила выставка, где в сопоставлении были представлены работы Пабло Пикассо и моего любимого Эдгара Дега. Вот уж действительно пир духа!

*Я почувствовал, что создавать свою художественную вселенную – это единственный путь, который позволяет достойно и красиво обмануть фатальный вирус под названием «Экзистенциальная пустота».*

Напоследок гуляя по Рамбле, зашли мы и на рынок Бокерия (Boqueria). Внешнее сходство с рязанскими базарами обманчиво. Шикарный ассортимент прилавков говорит о том, что ты попал в рай, рай для гурманов. Обилие фруктов, названий половины из которых я не знаю даже на русском (мы взяли на пробу специальную коробочку с кусочками десятка диковинных плодов и ягод), горы морепродуктов, которые увенчаны клешнястыми омарами, свежайшая рыба, знаменитая соленая треска Bacalao вы нескольких видах, богатство колбасных и мясных рядов.

Прощаться с каталонской столицей мы пришли на Барселонетту (Barceloneta). Прогулялись по прибрежному бульвару. Дорогие туристические рестораны первой линии мы обошли стороной, найдя в дебрях района еще одно аутентичное кафе. Там мы отведали традиционную испанскую уху (sopa de pescado: рыба, морепродукты, вермишель, непременный томат), спаржу под соусом (esparrago), классическую паэлью и уже знакомую нам ботифарру. Графинчик приятного красного вина (vino tinto de casa), конечно, прилагался к еде. При попытке разломать лангустину у меня сорвалась рука, и я задел бокал с вином. Посуда осталась цела, но вся скатерть, а местами мои джинсы и рубашка покрылись красненьким. Нам никто ничего не сказал, но чувство неловкости преследовало меня до конца трапезы.

В Санта-Сусанне мы вновь посидели на берегу, наблюдая как море разбивается на белоснежные брызги в вечном сражении с сушей.

\*\*\*

В предпоследний день продленного тура мы отправились на пляж. Температура воды уже упала существенно ниже 20 градусов, но я не удержался и все-таки залез в море. Ощущения были обжигающими… Несколько минут активного плавания – и я, предварительно растеревшись большим полотенцем в виде флага ФК «Барселона», загораю под нежным осенним солнышком. А по пляжу ходят восточные женщины и предлагают массаж всего за 10 евро. Была-не была. Вьетнамка средних лет в течении получаса очень качественно делает мне массаж спины, шеи, плеч и рук с использованием какого-то ароматного бальзама. Удивительно, но после процедуры проходит моя хроническая шейно-плечевая боль, утихает миофасциальный синдром. И нормальное состояние длится после этого еще несколько недель! Единственный минус – я весь в косметическом масле. Приходиться, немного отдохнув и остыв, вновь погружаться в бодрящие объятия Средиземного моря.

Потом мы зашли в чудесный ресторанчик в Мальграте, где в рамках комплексного обеда отведали карпаччо (тоненькие ломтики свежайшего сырого мяса), кальсеронес (типа лазаньи), а также потрясающего тунца (большим куском, обжареным на оливковом масле) с картофелем, тушеным с болгарским перцем, луком и томатами. На десерт мы попросили традиционный флан, а в конце – выпили кофе. Этот праздник живота, сопровождавшийся графином домашнего вина для меня и лимонной «Фантой» для Даши, обошелся нам на двоих в 16 евро.

*\*\**

Мы выписываемся из отеля, оставляем багаж в специальной комнате. Прогулка к морю, потом приходим в парк Мальграта, тот самый, с бесплатным лифтом. Там устраиваем прощальный пикник с использованием купленных накануне продуктов: трески по- английски, вкусом не уступающей копченой осетрине, анчоусов, паштета из хамона. А десерт нас ждет после обратного спуска в городок. В кафетерии заказываем кофе со знаменитым шоколадным тортом. Мы уже покупали такой тортик в кондитерском бутике в Барселоне. Божественный вкус! Горечь расставания смешивается со сладостью во рту в сумасшедший микс…


### Послесловие.

Три недели после поездки в Испанию у меня была сильнейшая абстиненция с желаниями типа продать машину и поехать еще пожить в Барселоне месяц-два, с постоянными мыслями о ней, с физической тошнотой при выходе на улицу в Рязани и т.п. Наверное, Барселона - это наркотик. Сейчас я стал спокойнее в этом плане. Но жгущее желание вернуться туда при первой возможности остается - так много я еще не посмотрел, не почувствовал, не попробовал.

2010г.

# Пражская весна (и немного Вены).

Когда выяснилось, что перед прошлогодней поездкой в Испанию мне посчастливилось получить шенгенскую мультивизу на полгода, я решил использовать этот шанс и реализовать давнишние планы ценителя хорошего пива. Вместе с семьей друга мы полетели в Прагу. В город, где История, далекая и недавняя, видна невооруженным глазом повсюду. Где не только центральные районы радуют красотой своих фасадов. Где пиво хранят и разливают при правильной температуре, а объесться «до отвала» можно за смешные даже для Рязани цены.

**Удачный ужин.**

В соответствии с условиями тура, мы прилетели вечером в пятницу в маленький аэропорт города Брно, откуда на автобусе за 2 часа нас доставили до отеля, расположенного недалеко от центра Праги, в районе Жижков. На пограничном контроле офицер долго изучал мою визу, выданную испанским консульством, но в итоге благополучно допустил в Чехию. Еще до поездки я выяснил, что в аэропорту должен быть банкомат. Мы быстренько нашли его и сняли по карточкам Visa Electron нужные нам суммы по хорошему курсу. Правда, наличность в аппарате на нас и закончилась. Зато мы были готовы сразу же по прибытии в Прагу начать тратить чешские кроны…

Заселение в отель прошло легко. Большинство работников чешского сервиса (гостиницы, кафе, музеи) могут общаться либо на русском, либо на английском языках. К тому же, я выучил базовые туристические фразы по-чешски. Поэтому все вопросы с портье быстро решились. Я оформил пользование сейфом. Мы бросили вещи в номера и, несмотря на то, что был уже девятый час вечера, пошли прогуляться по окрестностям, поискать какой-нибудь общепит. Заведение, которое нашлось минут через 10, называлось «Meranda». Как выяснилось потом, оно входило в состав маршрута по наиболее интересным пивным Праги, составленного по материалам Интернета. Мой заказ включал потрясающий суп-гуляш с большим количеством отборной говядины, а к пиву я взял классику чешских закусок – маринованные сыр «Гермелин» и сардельки «Утопенцы». Их подали в специальных стеклянных баночках, закрытых крышкой с металлическим фиксатором. Под 4 кружки отменного пива разных сортов маринады оказались незаменимыми. А полная пивная карта кафе включала около десятка эксклюзивных видов хмельного напитка. С лопающимися животами, теплом в душе и легким туманом в голове мы отправились спать в отель.

### Город-история.

Знакомство с дневной Прагой началось с района, в котором находился наш отель. Прохладным, но солнечным утром Жижков встретил нас стоящими вплотную друг к другу 3-5-этажными домами и улочками, мощеными брусчаткой: то карабкающимися вверх, то скользящими вниз.

Через двадцать минут мы уже были на площади Республики. После осмотра модернистской красоты Общественного дома, черезпримыкающую к нему Пороховую башню вышли на улицу Целетна.

Это извилистая пешеходная улица, по обеим сторонам которой стоят красивые дома, каждый со своим оригинальным фасадом и своей историей, в том числе, такие шедевры чешского модерна, как дом «У черной Богоматери». Естественно, первые этажи оккупированы магазинчиками, кафешками и прочими аттракционами для приезжих.

Целетна вывела нас на центральную туристическую точку города – Староместскую площадь. Здесь великолепие европейской архитектуры прошлого со всех сторон.

«Колючая» Церковь Девы Марии пред Тыном протыкает небо своими гранеными куполами со шпилями. Дворец Гольц-Кинских поражает классическим размахом. В Церкви Святого Николая висит огромная люстра, подаренная чехам русским царем в конце XIX века.

И, конечно, Староместская ратуша с красивым эркером возвышается над туристической суетой.

В центре площади – памятник Яну Гусу и множество сувенирных и общепитовских палаток. Здесь можно попробовать «трыдло» («дурака») –

скрученное и запеченное на вертеле сладкое тесто. На Староместской ратуше удивительные часы – Пражский Орлой. Они

показывают не только три вида времени,

но и дату, знак зодиака, положение луны и солнца. А каждый час перед ударами колокола оживают фигурки на часах.

Покинув многолюдную Староместскую площадь, мы направились в сторону еще одного пражского хита – Карлова моста. По пути на узких улочках нам периодически попадались интересные артефакты.

Мы зашли на Малую и Марианскую площади, побывали на мосту, полюбовались тридцать одной статуей и видами на Влтаву и город.

По набережной прошли до Анненской площади и, поскольку уже проголодались, зашли в кафе «У двух кошек», что близ «Угольного рынка». Там отведали суп с печеночными клецками (а какой бульон – исцеляющий похмельных, с овощами!), а под пиво «уговорили» тарелку с разными

холодными закусками («тарилщ»: ломтики копченой утки, 2 вида свиных деликатесов, капустка, кнедлики) и знаменитое «Вепршево колено», т.е. запеченную рульку.

После обеда зашли на Гавельский рынок, где присмотрели сувениры по ценам ниже, чем в центральных туристических местах. На одной из улиц нам встретился памятник самоубийце, посвященный скульптором Давидом Черны Зигмунду Фрейду.

Оставив друзей в одном из пабов, я прошел до Вацлавской площади. Это очень длинная площадь, почти километр. Ее окружают потрясающей красоты

здания. Чего стоит Гранд отель Европа или расположенный на одной из боковых улиц Почтамт.

Чуть в стороне от Вацлавской площади – красивый Францисканский сад с авангардной скульптурой и торговый дом «Люцерна» с подвешенным к потолку всадником на перевернутой лошади работы того же Давида Черны.

Потом мы направились на Масарикову набережную, где полюбовались на готическую водонапорную башню рядом с галерей «Манес» и на знаменитый «Танцующий дом».

По дороге в «Пивоварский дом» нам встретилась необычная по архитектуре православная церковь.

В самом ресторане я заказал на пробу ассорти из 7 видов пива (по 100 грамм). Честно сказать, банановый, кофейный и вишневый варианты были отвратительны на вкус, светлое, темное и пшеничное не представляли из себя ничего особенного и лишь пиво месяца («Мартовское») и крапивное пиво, на мой вкус, оказались весьма интересными. А взятый на пробу «Пивной сыр», как позже выяснилось, не соответствовал классическому рецепту.

Дальнейшая наша дорога лежала в сторону отеля. По пути мы частично осмотрели районы Винограды и Жижков, посетили несколько пивных и две жутковатые в сгущающихся сумерках достопримечательности: Собор Св.Людмилы на площади Мира и пражскую Телебашню с ползущими по ней гигантскими младенцами.

### «Стоя на красивом холме»

С утра мои друзья отправились на экскурсию, входившую в тур, а я прогулялся пешком до главного вокзала Праги и Национального музея.

Оттуда на метро добрался до района Градчаны. Мимо модернистского «Дома на слоновьих ногах» прошел до колыбели столицы Чехии – крепости Пражский Град.

Она из века в век служила резиденцией властителей, сейчас там обитает президент страны. В одном из двориков Града есть пирамидка из круглых ступенек, забравшись в центр которой, можно почувствовать интересный акустический эффект. Если там что-то сказать или даже крикнуть, то кажется, что звук идет не от тебя, а откуда-то извне.

Прежде чем подробно изучить крепость, я ознакомился с Градчанами, где буквально ощущается дух средневекового города. Особенно, на извилистых улочках Чернинская и Новый Свет, где маленькие домики (кое-где моя голова доставала до подоконников второго этажа) похожи на декорации к исторической сказке. Эти улицы не уступают ни по возрасту, ни по прелести известной Златой улочке, зато пройти по их мостовым можно совершенно бесплатно.

На Лоретанской площади в относительно ухоженном состоянии сохраняется могила бойца Красной армии Белякова, павшего при освобождении Праги в 1945 году.

Полюбовавшись на Лоретанскую церковь и очень красивые кованые фонари, я вернулся в Град. Его основная доминанта - громадный потемневший собор Св.Витта, немного эклектичный, с головами горгулий в качестве водосточных труб. Дворцы, башни, базилики заполняют небольшую по современным меркам территорию Града.

С высоты крепостных стен видны замечательные панорамы Праги с крышами всех оттенкоз красного.

Ну а я спустился вниз по крутой дорожке и на метро отправился в музей железнодорожных моделей - вспомнить свои детские увлечения. И действительно, миниатюрные города, по котором проносятся крохотные поезда и автомобили, где в периодически наступающей «ночи» зажигаются огоньки фонарей и окон домов, погружают в чудесный мир радости и красоты.

Кстати, в этом музее я не сразу разобрался с принципом работы шкафчиков для вещей и одежды. Оказалось, что для запирания в прорезь замка надо опустить двухкроновую монетку, которая возвращается при открытии дверцы. После музея я отправился на Малую Страну и остров Кампа, где на речке Чертовке крутится старинное мельничное колесо.

А затем прошел пешком до фуникулера на холм Петршин. Там мы условились встретиться с моим другом. Из-за удлиненных интервалов движения вагончик оказался плотно забит народом, так что любоваться окрестностями во время подъема не удалось. Зато у выхода меня встретила скульптурная композиция в виде обнаженных юноши и девушки, сплетенных в страстных объятиях.

На холме мы вскарабкались на уменьшенную копию Эйфелевой башни, имеющую смотровые площадки на двух уровнях – почти посередине и наверху.

Вот уж где действительно захватило дух. Избитое выражение «город как на ладони» очень точно отражает открывающийся с вершины «Эйфеля» вид на Прагу.

С Петршина мы спустились пешком и направились в район Смихов, поразивший меня весьма эклектичным соседством архитектурных стилей. Нашей целью было знаменитое кафе «На Верандах», которое ныне входит в сеть «Potrefena Husa». В нас с ходу опознали русских (уж не знаю, как) и усадили в зальчике, где за соседним столом сидела тоже русская семья. Поскольку это кафе соседствует с заводом «Старопрамен», дегустировали мы одноименное пиво. Оно здесь множества сортов, свежее, вкусное. По крайней мере, такими были заказанные мною Гранат, Дрожжевое и уникальный Вельвет – бархатное пиво, сразу после розлива превращающееся в занимающую весь бокал плотную пену. А какие «На Верандах» закуски! Кроме соблазнительной «пивной тарелки» с мясным ассорти, чешских драников и творожных кнедликов с клубникой я заказал утиный суп «Калдоун».Он подается в круглом черном хлебе, из которого вынута основная часть мякиша. Оставлять такую вкусную, пропитанную ароматным крепким бульоном «тарелку» было глупо. Официантка любезно упаковала хлеб, а также кнедлики, которые реально не влезли в мой живот. Вечером в гостинице эти припасы, вместе с приобретенными в супермаркете чешской копченой колбасой и бутылочным пивом, послужили мне прекрасным ужином.

## Карлштейн и Вышеград

На следующий день я сразу же отправился на Главный вокзал Праги. Билеты до станции «Карлштейн» были куплены еще в России, по Интернету. Немного побродил по вокзалу, который в своей наземной части представляет собой красивое историческое здание с интересными витражами, обильно декорированное скульптурными группами, а под землей – суперсовременный железнодорожный терминал.

На площади перед вокзалом – мемориал советскому воину-освободителю, которого целует чешский партизан.

А на первой платформе – скульптурная группа, изображающая мужчину в очках и двух детишек  Это памятник Николасу Уинтону, вывезшему в Англию перед самым началом войны и, тем самым, спасшему от неминуемой гибели в фашистских концлагерях почти 700 чешских детей.

Вагоны в чешских пригородных поездах – двухэтажные. Поскольку внизу уже было многолюдно, я, без задней мысли, поднялся наверх. Расположился в удобном кресле.

Состав тронулся, за окном пробегали нетрадиционные городские виды. Вскоре в салон вошел кондуктор. Посмотрев на мой распечатанный билет, она сказала по-чешски, что я нахожусь в первом классе, а должен – во втором, внизу. Пришлось изобразить непонимание. Кондуктор довольно долго изучала мою распечатку, вносила в наладонный компьютер данные штрих-кода, а потом пригласила спуститься вниз. Делать нечего, я постоял некоторое время в салоне второго класса, держась за поручень, а потом освободилось место. Через сорок минут после отбытия из Праги поезд остановился в Карлштейне. Этот населенный пункт расположился у подножия гор, по обеим сторонам речки Бероуновка.

Такое соседство приводит иногда к серьезному затоплению поселка. На стене одного из домов оригинально отмечен уровень воды во время наводнения 2002 года.

А на кафе – прикольная картинка как бы рекламного характера.

Миновав мост, дорога пошла вверх, извиваясь между двухэтажными симпатичными домиками старого Карлштейна, практически полностью оккупированными сузенирными лавками, пансионами и общепитом. Вскоре впереди, на вершине холма, возникла серая громада средневекового замка. Из-за того, что понедельник в нем – выходной день, пришлось ограничиться наружным осмотром. Но это произвело на меня большое впечатление. Замок выглядит абсолютно неприступным, внушительным и солидным. А, касаясь старинной кладки рукой, ощущаешь Историю прямо на кончиках пальцев.

Спустившись к деревушке, я зашел пообедать в ресторан «Под Градом». Отведал потрясающий суп из такого, казалось бы, неаппетитного субпродукта, как рубец (говяжий желудок). Под рюмочку сливовицы и бокал пива эта «дрштькова», а также жареный сыр «гермелин» с начинкой из ветчины и гарниром из жареной картошки, пошли просто «на ура». Осоловевший, я посидел полчаса на лавочке на улице, любуясь видами замка и деревушки. Кстати, здесь я впервые встретил чешских котов. Они все были черные и черно-белые, с каким-то особенным, чешским, что ли, выражением на мордах.

На обратном пути мне досталось место у окна, так что дорога прошла в созерцании живописных пейзажей, деревушек и дачных поселков, загонов с лошадьми и коровами, а также станционных зданий, из которых встречать-провожать наш состав выходили колоритно одетые смотрители.

В оставшееся в тот день время я посетил пражскую крепость Вышеград - второй королевский форпост города, наравне с Пражским Градом. Самыми интересными моментами этой экскурсии были ротонда Св.Михаила, старинная водная колонка, вид на город из бойниц древней стены и спуск вниз, на набережную, по длиннющей извилистой лесенке, и,кончено, главный

готический собор Вышеграда - церковь Святых Петра и Павла.

По пути в сторону отеля мне удалось полюбоваться домами в стиле модерн на лежащих под Вышеградом улицах, а также прокатиться на пражском трамвае.

Ужинал я вместе с другом в небольшом ресторанчике рядом с гостиницей. Помимо пива, паненки (говяжьего рулета) с черносливом и настоящего пивного сыра (это особый «зрелый» сыр, который надо смешать с прилагающимися к нему килькой, маслом, луком и горчицей), мы отведали чешской «Грушковицы». Крепкий дистиллят из груш подали в маленьких рюмочках, на которых лежали, нанизанные на палочки, кусочки выдержанной в том же напитке груши. Ледяная и ароматная, «Грушковица» напрямую согрела наши души.

### 4 часа в Вене.

Рано во вторник я пришел на автовокзал Флоренц, откуда начиналась моя самостоятельная экскурсия в Вену. Билет был куплен через Интернет заранее.

Народу в комфортабельном автобусе было немного. Часть четырехчасового пути проходила по автобану, можно было подремать. А потом маршрут пролегал по обычным дорогам, проходящим по городкам и деревням. Было интересно наблюдать ухоженные поля, ветряные электростанции, еще сохранившийся ледок на прудах. Вот чешские «гаишники» поймали нарушителя. А вот – трактор, сопровождаемый внедорожником с оранжевым проблесковым маячком, все-таки собрал пробку на узкой двухполосной трассе. Почти на границе с Австрией – целый развлекательный город с казино, ресторанами, аттракционами и другими увеселениями. А за ним – целый поселок, где почти на каждом доме висят указатели и вывески стрип-клубов и борделей. Наконец, вот и граница, которую мы проезжаем без остановок. Австрийский автобан заметно отличается от чешского в лучшую сторону, при том, что и чешские автострады – пример для подражания российским дорожникам.

Автобус прибыл на автовокзал Вены, откуда на метро я доехал до центра и поднялся на поверхность у шикарного здания венской оперы. Красивый город встретил меня обилием туристов. Как и планировалось, я нашел остановку специального туристического автобуса Red Bus, купил билет и отправился в полуторачасовое путешествие по основным достопримечательностям города в сопровождении русскоязычного аудиогида. Мы двигались по знаменитой венской улице Ринг, заехали полюбоваться на дворец Хоффбург, университет, соборы, набережную канала. Единственная остановка по маршруту – у дома Хундервассера, знаменитого австрийского архитектора, автора «биоморфных», объединяющих живую природу и архитектуру, строений. Дом был построен в 1986 году и потрясает воображение плавностью и неправильностью форм, растущими на крышах и балконах деревьями, диковинным цветовым решением, эклектичным использованием классических скульптурных форм. Пожалуй, только другой любитель отражения природы в строениях, Антонио

Гауди, может похвастаться большей оригинальностью. Чудесный Дом Хундервассера хочется рассматривать бесконечно, но время остановки истекло.

Через симпатичные кварталы автобус подъехал к парку со столетним колесом обозрения. На нем вместо люлек – вагончики на много человек. Говорят, горожане иногда арендуют эти вагончики на целый вечер для проведения праздничных мероприятий и вечеринок. Во время первой мировой войны колесо хотели переплавить на оружие, но оказалось, что его разборка дороже стоимости самого металла. Это спасло венскую достопримечательность.

Затем мы проехали по мосту через Дунай. И хотя голос в наушниках сообщил, что название «Голубой Дунай» - это преувеличение, река имела очень красивый голубой цвет.

После завершения автобусной экскурсии я пробежал по центральным улицам Вены. В объектив попались забавный магазин «Пиннокио», открытый раскоп древней Вены, памятник трубочисту, аутентичный дом, в котором Моцарт писал «Свадьбу Фигаро». Я осмотрел белокаменный собор Стефансдом. Потом попробовал венские сосиски и пиво в ресторане Krah Krah,

а в знаменитом кафе Захер (места были только за уличными столиками) – одноименный фирменный торт с дивным кофе «Меланж».

Вена оказалась интересным городом, немного похожим, за вычетом готическо-католических антуражей, на Санкт-Петербург.

Возвращение в Прагу пришлось на поздний вечер. По дороге к отелю, под железнодорожным мостом, в мало освещенном углу, стояли подозрительные субъекты русско-бандитского вида, по счастью, не обратившие на меня внимание. Ужинать пришлось в традиционно дорогом гостиничном ресторане, хотя томатный суп здесь оказался весьма неплохим.

## Выставишще и Летна.

Утром следующего дня я вновь воспользовался пражским трамваем, чтобы доехать до Выставишще – чешского аналога ВДНХ.

Прогулялся по ее территории и по парку аттракционов, а потом дошел до Дворца Выставок, где находится филиал Национальной галереи. Во Дворце размещены произведения чешских художников, с середины XIX века до настоящего времени, а также работы мастеров других стран, в частности, горячо любимых мною импрессионистов. Для себя я открыл поразительные картины Антонина Славичека, Яна Прейслера, Карела Мыслбека, Франтишека Кавана и Индржича Пруха. Более 3 часов я бродил по залам, любуясь не только творчеством классиков, но и современным искусством. Почти до слез потрясла меня концептуальная видеоинсталляция «Шестидесятилетние» про двух пожилых близняшек.

Затем прогулялся до расположенного на холме на берегу Влтавы парка Летна (или Летенские сады), где на замечательной летней веранде (несмотря на март) употребил из пластикового стаканчика свежее разливное пиво, сидя на лавочке с видом на Прагу.

В парке мне встретилась белка, смело скакавшая по траве и нижним частям стволов деревьев. А в центральной точке Летны, на месте когда-то стоявшего тут памятника Сталину, возвышался огромный метроном.

По пути к центру я прошел по симпатичной Парижской улице.

### «Свободное время»

Предпоследние два дня я провел, посещая пропущенные достопримечательности, а также просто гуляя с друзьями. Наконец-то удалось найти знаменитый кубистский фонарь на Юнгмановой полощади.

А после аудиоэкскурсии по Карлову мосту мы прошлись по Малой Стране и посетили замечательный ресторанчик-пивницу «Ferdinanda» в одном из подвалов. Там довелось отведать тушеную утку с краснокочанной капустой.

После этого мы дошли пешком до знаменитого кафе «Славия», где в начале прошлого века тусовалась вся творческая интеллигенция Праги. В частности, пила потрясающий фирменный кофе Анна Ахматова. Я не мог не погрузиться в удивительную атмосферу этого места под кофе и пирожное. Из гастрономических изысков, съеденных мною в эту поездку, стоит также отметить татарак – свежайший говяжий фарш, который смешивается с сырым яйцом, луком и несколькими видами соусов, намазывается на поджаренный хлеб и уплетается под пиво. А еще мы посетили кондитерскую, где к вкуснейшим пирожным и тортам предлагался интересный напиток – барменша наливала в бокал горячее молоко и выдавала специальный шоколад на деревянной палочке, который надо было растворить в этом молоке.

Погода к концу нашего тура подпортилась и рассопливилась дождями. Но мы продолжали бродить по чудесным улочкам – ведь не сидеть же в отеле в этом замечательном, очень красивом городе.

Прощальный ужин прошел в уже знакомой нам «Мериенде» - там обновилась пивная карта, и мы не преминули продегустировать новые сорта национального чешского напитка.

На утро восьмого, последнего дня нашего пребывания в Чехии, вдруг пошел снег. Мы ехали в аэропорт Брно, оглядываясь на припорошенные площади и газоны. И этот природный казус слегка смягчил мой шок от возвращения в обледенелую и ветреную Россию.

2011г.